网络运维脆弱性分析
与安全管理智能化

白 玮 潘志松 夏士明 吴 强 著

东南大学出版社
SOUTHEAST UNIVERSITY PRESS

内容简介

从多个维度分析网络脆弱性是评估网络风险、维护网络安全的基础工作。传统的网络脆弱性分析只针对网络实现时的特定组成，如软件、硬件、协议、结构等，缺乏对网络运维管理过程中出现的脆弱性的分析，即针对网络运维配置、运维动作、运维策略等进行的脆弱性分析。本书提出的网络运维脆弱性分析的概念，实际上是从理论和实践上弥补这些不足，使网络脆弱性分析理论体系更加完整。

本书共分为6章，按照"总—分—总"的架构进行设计。其中，第1章为绪论，提出了网络运维脆弱性和网络运维脆弱性分析的基本概念；第2章到第4章，分别针对网络运维配置脆弱性分析、网络安全配置生成智能化和网络安全策略生成智能化等相关问题进行探讨，形成网络运维脆弱性分析方法的主体；第5章设计了新一代网络安全策略配置智能管理平台，实现对安全策略配置的统一管理和智能生成；第6章则面向未来网络空间安全防护进行总结和展望。

本书内容具有前瞻性、理论性和实践性，既可以作为国内普通高校网络空间安全专业学生的课外学习用书，也适合网络安全领域的运维管理人员、学术研究人员以及产品开发人员阅读。

图书在版编目（CIP）数据

网络运维脆弱性分析与安全管理智能化／白玮等著.

南京：东南大学出版社，2024. 10. —— ISBN 978-7-5766-1621-7

Ⅰ. TP393. 07

中国国家版本馆 CIP 数据核字第 2024GC6657 号

责任编辑：夏莉莉　责任校对：韩小亮　封面设计：企图书装　责任印制：周荣虎

网络运维脆弱性分析与安全管理智能化

Wangluo Yunwei Cuiruoxing Fenxi yu Anquan Guanli Zhinenghua

著　　者：白　玮　潘志松　夏士明　吴　强
出版发行：东南大学出版社
出 版 人：白云飞
社　　址：南京四牌楼 2 号　邮编：210096
网　　址：http://www.seupress.com
经　　销：全国各地新华书店
印　　刷：广东虎彩云印刷有限公司
开　　本：787 mm×1 092 mm　1/16
印　　张：11.75
字　　数：240 千字
版　　次：2024 年 10 月第 1 版
印　　次：2024 年 10 月第 1 次印刷
书　　号：ISBN 978-7-5766-1621-7
定　　价：65.00 元

本社图书若有印装质量问题，请直接与营销部联系。电话（传真）：025-83791830。

推荐序

　　全面而准确地识别网络系统的脆弱性，是全面评估网络基础设施的安全性，进而组织网络空间防御的基础性工作。经过多年的发展，网络系统脆弱性的分析，已经从最基础的软硬件漏洞挖掘，转变为对网络基本结构、基础设施和基本运行过程的多维度综合分析，而结合网络运维管理过程，分析网络动态变化过程所额外引入的脆弱性，已成为其中的重要环节。

　　网络运维管理过程，是一个常常被人们所忽视的环节，但是回首国内信息网络数十年的建设历程可以发现，网络空间核心变化的直接来源，竟然是各种网络维护管理活动。如果可以从上帝视角俯视以互联网为代表的大型信息网络，一定可以发现成千上万的网络运维管理人员，正在不停地对各种网络设备或系统进行着修改、更新或修补，这个缓慢而微小的过程，在一刻不停地改变着信息网络的面貌，使其可以沿着客观发展规律蓬勃发展。那么，作为一名安全从业者不禁会问：这些运维管理活动是安全的吗？可以采取什么样的方法来对运维管理过程中安全问题进行分析和度量呢？

　　正是在这样的背景下，《网络运维脆弱性分析与安全管理智能化》一书应运而生。该书是作者团队近10年的研究成果总结，它较为系统地分析了网络运维脆弱性的成因，提出了网络运维脆弱性的分类，并从网络运维配置、网络运维策略等不同的层面出发，讨论了网络运维脆弱性的度量标准，以及对应的分析方法和对抗手段，形成了网络运维脆弱性分析理论体系和系列技术，内容十分新颖、丰富。

　　"一画开天论运维，洞幽烛远唤奇思。但求莫逆多驱力，来把通衢道法窥。"相信本书的出版，能够促使广大的网络安全从业者从网络防御的视角出发，重新审视网络运维管理人员、网络运维管理系统和网络运维管理流程，发现日常运维管理流程中可能被攻击者利用的薄弱环节,探讨网络运维管理流程的优化和加固策略。最后,期待本书的出版能够为网络空间安全领域的发展和进步做出应有的贡献。

中国科学院院士

2024 年 9 月于北京

前　言

　　网络攻防技术的不断发展和网络安全事件的频发,特别是委内瑞拉电力系统被攻击、WannaCry勒索病毒爆发、俄乌战场网络攻防交互、西北工业大学电子邮件系统遭受网络攻击等,清晰地表明网络武器已经被全世界采用,网络攻击背后的国家力量日趋明显。网络空间安全,已经不再单纯是一个技术问题,而成为一个关系着国家安全和国家主权,关系着社会稳定和长治久安,关系着民族复兴和民族希望的重要问题。面对网络安全日益严峻的形势,建立维护网络安全的长效机制、全面构建网络安全防护体系已经刻不容缓。

　　全面构建网络安全防护体系,其基础要求和首要任务是全面发现信息网络和信息系统所具有的脆弱性。所谓的脆弱性,一般指可能被威胁所利用的资产或若干资产的薄弱环节,也被称为弱点或漏洞。脆弱性是资产的固有属性,也是信息网络存在安全风险的前提。如果某个资产中存在着特定的脆弱性,那么无论这个脆弱性是否被威胁所利用,它都是客观存在的。对网络空间来说,脆弱性广泛存在于环境、组织、过程、人员、管理、配置、硬件、软件和信息等各个方面,发现网络空间中存在的脆弱性,是全面评估网络安全风险,进而提升网络安全防护水平的一项基础性工作。

　　根据国家标准《信息安全技术　信息安全风险评估方法》(GB/T 20984—2022),脆弱性可以从技术和管理两个方面进行识别,识别对象主要是物理环境、网络结构、系统软件、应用中间件、应用系统、技术管理和组织管理等。但是由于脆弱性具有隐蔽性,深层次的脆弱性只有在一定的条件和环境下才能显现,所以发现脆弱性的过程,应该不仅仅是对资产的外在属性进行检查,更应该是对资产深层结构和运行状态进行深入探讨和关联分析,发现能够影响资产状态变化的深层次规律,从而分析出能够引发目标资产故障的潜在薄弱环节。

　　在对网络脆弱性进行深层次分析的过程中,学术界和工业界主要从网络结构、网络协议、网络软件、网络硬件等不同的角度出发,分析其存在的脆弱性,挖掘存在的漏洞。从系统论的角度看,这些分析通常是分析信息网络或信息系统的特定部分,缺乏对网络系统安全性的整体考量;从信息网络或信息系统的生命周期看,这些脆弱性分析方法主要集中在网络规划设计和系统开发部署阶段,缺乏对网络和系统在后续运维管理上的脆弱性分析。

据此,我们提出了网络运维脆弱性的概念。所谓的网络运维脆弱性,是指在网络运维管理活动中,由于运维流程设计的不规范、不严密,为保证运维活动正常开展而进行的网络配置、运维管理动作或动作序列,抑或是实施的网络运维策略,对网络空间各要素所能够产生的负面影响。研究网络运维脆弱性分析方法具有重大的理论和现实意义,具体表现在三个方面:

(1)网络运维脆弱性十分普遍。由于网络运维脆弱性的内涵十分丰富,不仅涉及网络技术,还涉及技术与管理层面的结合。在具体网络中,受限于网络管理员的学识与精力,以及管理工具和管理制度,运维脆弱性十分普遍而且难以简单修补。可以说,网络运维脆弱性是由于网络规模不断扩大、技术不断多样化而产生的必然结果,普遍存在于各种类型的网络之中。

(2)网络运维脆弱性危害巨大。由于网络运维脆弱性常常由网络管理信道、网络管理系统和网络管理员引入,其直接对网络设备进行配置和控制,而网络设备和网络资源又是网络空间内最为重要的保护对象,所以网络运维脆弱性将会给网络空间带来巨大的安全隐患,这些隐患如果被敌方深入分析和准确利用,将直接对网络空间的正常运行带来巨大威胁。

(3)网络运维脆弱性尚未被广泛关注。网络运维脆弱性作为一个新兴的网络安全领域尚未得到广泛关注,其分析、度量和防御方法尚未得到充分研究,在实际网络中仅用一些离散的安全策略来防止用户权限提升,而没有形成系统的防御体系。研究网络运维脆弱性分析理论,将能够显著提升网络空间安全防护手段的整体性和协同性,为提升网络攻击防御能力提供基础支撑。

本书围绕网络运维脆弱性分析的基本问题、基本方法和可能应用展开讨论,对基本问题进行了定义,对基本方法进行了探讨,对可能应用进行了设计,希望能够抛砖引玉,促进学术界对网络运维脆弱性的广泛重视和深入研究,为构建新一代网络安全体系贡献自身的力量。全书共分为6章。第1章为绪论,主要分析了网络空间安全和网络运维管理之间的关系,提出了网络运维脆弱性和网络运维脆弱性分析的概念,明确其主要分类。第2章为网络运维配置脆弱性分析,介绍了网络运维配置脆弱性分析框架,针对用户实际权限推理这个核心环节,介绍和比较了多种算法。第3章为网络安全配置生成智能化,围绕网络安全配置优化这一主题,提出防火墙安全策略智能生成和用户角色智能挖掘的新方法。第4章为网络安全策略生成智能化,从网络运维视角出发,分析了网络空间安全中的对抗与博弈问题,针对面向对抗的网络安全防护策略智能生成、面向未知威胁的分布式拒绝服务攻击防护两个典型场景,利用强化学习方法实现了不同层次网络安全策略的智能化生成。第5章为网络安全策略配置智能管理平台,针对当前网络安全管理中存在的"安全策略配置宽松、配置异常检测困难、应急响应缺乏针对性"等问题,设计新一代网络安全策略配置智能管理平台。第6章对全书进行了总结和展望。

本书由中国人民解放军陆军工程大学相关研究团队进行撰写,其中白玮主笔第1、2、3、5、6章的撰写,对第4章进行了修订,夏士明完成第4章初稿撰写和后期修订,潘志松和吴强负责全书的内容框架设计、文字统校等工作。全书内容具有前瞻性、理论性和实践性,既可以作为国内普通高校网络空间安全专业学生的课外学习用书,也适合网络安全领域的研究、教学以及开发人员阅读。

由于作者水平所限,以及时间仓促,书中出现各种错误在所难免,希望各位读者和相关领域专家多多批评指正,我们将不胜感激。相关意见反馈,可发送至邮箱baiwei_lgdx@126.com。

作　者

2023 年 11 月于中国人民解放军陆军工程大学

目　录

第3章　网络安全配置生成智能化

第4章　网络安全策略生成智能化

第5章　网络安全策略配置智能管理平台

第6章　总结与展望

第 1 章　绪　　论

俗话说,三分技术,七分管理。所有的网络安全书籍,都会强调安全管理的重要性,但是,网络运维环节对网络安全的影响却往往以操作规范、最佳实践等名义出现,缺乏对其影响的系统性梳理与分析。本章将系统讨论网络运维管理和网络空间安全之间的关系,明确网络运维管理是网络空间脆弱性的一个重要来源,继而提出网络运维脆弱性分析的概念,为后期网络安全管理的智能化奠定理论基础。

1.1　网络空间安全与网络运维管理

1.1.1　网络空间安全

网络空间一词,来源于英文的 cyberspace,它最初由美国科幻作家威廉·吉布森于 20 世纪 80 年代创造。2008 年,美国第 54 号总统令将网络空间定义为信息环境中的一个整体域,认为它由独立且相互依存的信息基础设施和网络组成。我国在 2016 年提出的《国家网络空间安全战略》中,认为网络空间由互联网、通信网、计算机系统、自动化控制系统、数字设备及其承载的应用、服务和数据等组成。一般认为,网络空间是一个由机器、用户及其关系所组成的虚拟世界,这是一个建立在信息技术基础之上的完整空间[1],它正在全面改变人们的生产生活方式,深刻影响人类社会发展历史进程。

但是,信息技术的广泛应用和网络空间的兴起发展,不仅仅极大促进了经济社会繁荣进步,同时也带来了新的安全风险和挑战。网络空间的安全不仅仅会影响政治安全、经济安全、文化安全、社会安全,还会引发国际竞争和网络威慑,从而影响世界和平。因此,研究网络空间安全具有重要的意义。

在讨论网络空间安全时,常常会遇到网络空间安全、信息安全、信息系统安全、通信安全、计算机安全、网络安全等大量含义相同或相近的词语,需要认真对这些词语进行辨析。

在这些词语中,通信安全、计算机安全、网络安全的范畴相对较小,主要关注传统有线无线通信、计算机软硬件、计算机网络等特定领域中的安全问题。这些概念虽各有侧重,略有交叉,但所强调的内涵和外延十分清晰。例如,在网络安全中的物理层安全的概念包含了通信安全中常说的通信干扰、通信监听等概念,而计算机安全中的防病毒、后门检测等概念又纳入了网络安全中的应用层安全。相比较而言,信息安全的概念要大得多,它的关注重点从物理网络转到所承载的信息,信息安全概念的出现使得通信安全、计算机安全、网络安全都成为它的一个子域;信息系统安全则关注各类存储信息的系统的安全性,由于信息可以存储在信息系统中,也可以存储在纸质文件甚至是口头上,所以它的内涵也应该是信息安全的一个子集;网络空间安全则是内涵最大的一个概念,它的保护对象是网络空间环境、组织和用户资产,它不仅包含了对信息资源的保护,而且包括了对其他资产的保护,例如人本身或虚拟身份等。各主要概念之间的关系如图 1-1 所示。

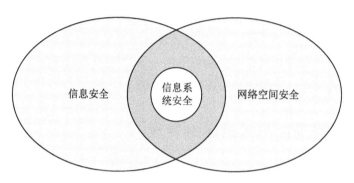

图 1-1　不同基础概念之间的关系

　　另外需要提及的是,随着网络空间安全这一概念的普及,目前它在一些场合也被缩写为网络安全,此时,网络安全不再局限于传统的计算机网络本身的安全性,而是泛指网络空间安全的相关内容,在本书中,网络安全一词均指网络空间安全。

1.1.2　网络运维管理

　　网络空间本质上是一个由信息技术驱动的,物理实体和虚拟实体交织形成的整体空间。网络空间从其构建之初,就处在不断的变化之中。这里所讲的变化,不仅仅是指各种网络用户可以动态地接入网络空间,使用网络服务,发表网络言论,还包括网络拓扑结构的调整、网络协议的变更、网络软硬件升级和网络服务的增删等,这些网络空间的变化必然会对网络空间安全产生重要的影响。

　　通过深入分析网络空间的这种变化可以发现,网络空间根本性的变化常常来自部分特定人员对其施加的影响。这些人员对网络空间变化的影响,有些是自发的、无序的,但更多的是在网络运维管理过程中遵循某种规范而产生的。

　　网络运维管理实际上来源于网络管理和网络运维两个概念,由于两个概念之间存在交叉和融合,所以才派生出网络运维管理这个概念。

　　(1) 网络管理

　　网络管理的概念来源于国际标准《信息处理系统 开放系统互连 基本参考模型》

(ISO/IEC 7498:1989),该标准的第 1 部分(基本模型)提出了著名的 ISO 开放系统互连参考模型,将网络从底向上划分为 7 个层次,即物理层、数据链路层、网络层、传输层、会话层、表示层和应用层。该标准的第 4 部分(管理框架)对网络管理(原文称为 OSI 模型管理)进行了基本定义,认为网络管理是对网络通信正常进行所涉及的网络资源进行控制、协调和监督的活动,该概念被学术界和工业界广泛接受。

一般认为,网络管理的目标是满足管理员的需求,提升其能力,主要包括:对互联服务使用情况进行计划、组织、监督、控制和审计的能力;对用户需求变化进行响应的能力;保证通信行为可预测的机制;提供信息保护和传输信息源或目的认证的能力;等等。具体地,网络管理应该具备五大功能,分别是故障管理、计费管理、配置管理、性能管理和安全管理。

- 故障管理的主要任务是发现和排除网络故障。一般,管理员需要具备故障检测、对错误操作进行隔离和修复等能力。典型的能力包括:维护并检查错误日志,接受错误检测报告并做出响应,跟踪、辨认错误,执行诊断测试,纠正错误,等等。

- 计费管理的主要任务是确定网络资源的使用成本,计算网络资源的使用费用。它要求管理员具备对网络通信时所使用的各种资源的费用进行计算和合并,对用户使用网络资源进行限额管理,告知网络使用者所消耗的资源或发生的费用等能力。

- 配置管理的主要任务是对网络环境中的各种配置参数进行识别、初始化、变更和收集,以满足网络服务准备、初始化、启动、运行和终止的相关需求。其典型的能力包括:初始化和关闭网络资源,设置参数来控制网络行为,收集信息来确定当前网络状态,获取网络状态变更的通知,更改网络配置,等等。

- 性能管理的主要任务是评估系统资源的行为和网络通信活动的有效性。一般来说,要提供性能监测、性能分析以及性能管理控制等功能。其典型的能力包括:收集统计信息,维护和检查系统历史状态日志,测量或估计网络系统在不同情况下的性能,为进行性能管理活动而改变系统运行模式,等等。

- 安全管理的主要任务是采用信息安全措施保护网络系统、数据和业务等资源,目的是提供信息的隐私、认证和完整性保护机制,使网络资源免受侵扰和破坏。其典型的能力包括:安全服务和机制的创建、删除、控制,安全策略、安全配置的分发,安全事件的报告,等等。

(2) 网络运维

网络运维,是指由网络维护管理单位或服务承包商组织实施,为保障网络与业务正常、安全、有效运行而采取的生产组织管理活动。依据国家标准《信息技术服务 运行维护 第 1 部分:通用要求》(GB/T 28827.1—2022),网络运维的主要工作包括例行操作、响应支持、优化改善和调研评估四大类,其操作对象通常涵盖基础环境、网络平台、硬件平台、软件平台、应用系统、业务数据等各个方面。根据国际通用的 IT 基础设施库（ITIL）最佳实践流程，对网络运维的主要流程，如事件管理、故障管理、请求履行、问题管理、访问管理、变更管理、配置管理、发布和部署管理、容量管理等内容，以及与这些流程紧密相关的服务台、配置库、问题库、知识库等内容进行了规范。图 1-2 表示了典型的网络运维流程。

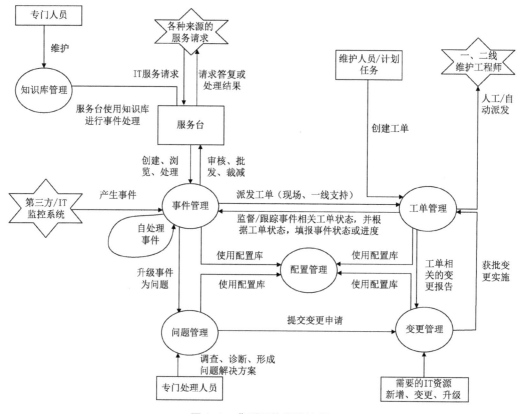

图 1-2 典型网络运维流程

在图 1-2 所示的流程中，网络运维人员主要完成知识库管理、事件管理、工单管理、配置管理、问题管理和变更管理等 6 大任务。

- 知识库管理主要由专门人员进行，负责对网络运维的相关知识进行整理和更新，形成对应的知识库，以满足一线运维事件处理的需求。

- 事件管理主要对各种网络相关的事件进行处理和响应。事件的来源主要有两个：一个是服务台，它统一处理由各种不同身份的人员所发出的服务请求，如增加服务、增加用户、故障报修等，服务台根据知识库所提供的知识，将这些服务请求转成具体的事件，进入事件管理模块；另一个是第三方/IT 监控系统所出现的告警事件，如硬件损坏、服务停止、发现网络攻击等，它们直接形成事件，并进入事件管理模块。事件管理模块统一管理事件，如果发现其符合常规事件处理流

程,则生成对应的工单,监督/跟踪工单完成情况,并将事件处理过程实时向服务
台反馈;如果发现该事件是网络出现问题,则将事件升级为问题,进入问题管理
流程。

- 工单管理主要管理各种工单任务。工单可以由事件生成,也可以通过日常维护
  计划生成。每个工单都被自动或手动地分配给一、二线维护工程师,它利用当前
  的网络配置库对各种事件进行处理。如果处理当前的工单需要修改当前网络配
  置,则会向变更管理模块提交请求,待审批后执行。
- 配置管理主要负责集中管理网络设备或网络服务的配置,它一般维护一个配置
  库,包括所有网络设备和网络服务的配置,以供事件管理、工单管理、问题管理、
  变更管理等模块使用。如果某个网络设备或网络服务的配置更改了,则配置管
  理模块会更新配置库,以保证所维护的网络配置的权威性。
- 问题管理主要管理网络中出现的各种错误,它由专门处理人员组织实施,一般需
  要经过调查和诊断,形成问题解决方案。在此过程中,如果需要变更配置,则会
  向变更管理模块提交请求,待审批后执行。
- 变更管理主要处理网络中出现的各种变更请求。变更请求主要有两个来源:一
  个是根据工单管理流程或问题管理流程,需要变更网络配置;另一个是主动对网
  络资源进行新增、变更或升级。在变更管理的过程中,一般需要对变更后的网络
  配置进行评估,并根据行政流程进行审批,审批通过后对网络配置进行变更,进
  而更新配置库。

（3）网络管理和网络运维的关系

网络管理和网络运维的概念是相互融合、相互交叉的,二者的区别并没有一个明确
的分界线。一般来说,网络管理倾向于较高的层次,倾向于对网络的整体生命周期进行
规范性的规划和设计,对可能出现的问题进行结构性的调整和规划;而网络运维处于一
个较低的层次,主要倾向于对网络运行中出现的具体问题进行分析,按照预案或规范性
原则进行处理。

从时间轴上看,网络管理工作贯穿于网络规划设计、构建运行、调整优化,直至废弃
结束的整个生命周期,它通过制定标准化、系统化的流程来明确如何对网络资源进行监
控、维护和优化,而网络运维工作则主要集中于网络调整优化期间,主要通过一系列具
体的步骤实现网络设备的安装、配置、维护、故障排除、性能优化等具体目标。其主要的
工作在于发现问题、分析问题和解决问题。可以看出,网络管理和网络运维是一项工作
的一体两面,它们协同地维持网络状态的完好。

所以,在日常的使用中,人们常常以网络运维管理一词来泛指所有的网络管理和网
络运维活动。在本书中,也不刻意强调网络管理和网络运维之间的区别。

1.1.3 网络运维管理活动对网络空间安全的影响

那么,网络运维管理活动究竟如何影响网络空间安全呢? 深入分析这一问题可以

发现,有效的网络运维管理活动可以有效地提升网络空间的安全性,但是同时,不恰当的网络运维管理活动可能会对网络空间的安全性产生负面影响。

一方面,网络运维管理活动是解决网络空间安全问题的唯一途径。网络空间防护组织的相关活动,如网络安全威胁的检测与发现,网络安全事件的处理,网络安全配置的更新,网络安全风险评估,等等,都需要通过特定的网络运维管理活动来进行。理论上,管理人员只能通过网络运维管理活动来影响网络空间的安全状态,理论上不存在第二种途径可以使得网络空间安全状态发生积极改变。另一方面,网络运维管理活动也是网络空间安全威胁的重要来源,归纳起来,主要有三个可能的原因:

(1)网络运维管理活动的安全目标不够明确

不同网络运维管理活动的目标是不一样的。对于绝大部分的网络运维管理活动,它们的根本目标是解决网络故障,保证网络正常运行。在这个过程中,网络的安全性常常被放置在次要的位置上,甚至被忽略,致使这些网络运维管理活动很可能对网络空间安全状态产生负面影响。例如,某业务崩溃后,在重建其业务的过程中缺乏对应用程序的有效审核,采用了被植入木马的应用程序。

(2)网络运维管理活动常常会出现疏忽或错误

网络运维工作常常十分紧急和复杂:从运维对象上来说,包括网络设备、服务器设备、通信线路等多种对象,每种对象的维护方法各不相同;从运维流程来说,处理一个事件或问题,常常需要对整个网络进行全面分析,按照先后顺序操作多个设备;从任务数量和时限来说,每个运维人员每天常常需要处理多个运维任务,而且这些任务也常常是突发情况,具有严格的完成时限。在这种情况下,如果没有严格的流程和事后校验机制,运维人员不可避免地会产生疏漏和错误,这些疏漏和错误很可能会对网络的安全状态产生影响。

(3)网络运维管理活动安全性缺乏有效的建模标准和工具

如何评估网络运维管理活动对网络安全的影响,相关的研究才刚刚起步,缺乏必要的理论和工具,甚至对于一些广为人知的弱点和漏洞,也缺乏较好的解决方案。以网络服务的密码管理为例,运维人员知道网络服务不能设置相同或者相近的密码,而且知道需要定期更换所有的密码,并在一段时间内不进行重复;但是面对成千上万的设备,如何保持密码的相互不同,而且定期更新,可能目前业内尚没有一个很好的办法。

1.2　网络运维脆弱性分析

由于网络运维管理活动能够对网络空间安全状态产生重要的负面影响,所以本节将提出网络运维脆弱性分析的概念,全面、系统地梳理网络运维管理活动对网络空间安全所产生的影响,形成网络运维管理活动脆弱性分析的整体框架。

1.2.1　基本概念

网络运维脆弱性分析,即针对网络中可能的运维策略、运维动作或运维系统,评估网络中为保证运维活动正常开展而进行的网络配置,或者是具体运维动作序列对网络、应用、数据安全状态所产生的负面影响,从而达到规避潜在的安全风险,提升网络安全防护水平的目的。

网络运维脆弱性分析可以针对合作网络进行,也可以针对非合作网络进行。在针对合作网络进行分析时,主要是通过对网络空间内物理域、网络域、信息域、社会域、认知域中的信息进行广泛收集和关联分析,发现所有通过运维管理不善来进行渗透的路径,其强调的重点在于渗透路径分析的全面性,以及发现这些渗透路径的效率。对于非合作网络,网络运维脆弱性分析强调是否能够快速发现一条可行的渗透路径,是否能够通过诱导管理员执行特定动作,实现自身权限的快速跃升,其强调的重点在于在不完全信息下的对对手动作的估计和利用。在本书中所讲的网络运维脆弱性分析,主要针对合作网络进行。

按照产生脆弱性的对象不同,网络运维脆弱性可以分为三类:网络运维配置脆弱性、网络运维动作脆弱性和网络运维策略脆弱性,对应的分析过程称为网络运维配置脆弱性分析、网络运维动作脆弱性分析和网络运维策略脆弱性分析。网络运维配置脆弱性分析的分析对象是网络配置,它主要分析因运维管理活动引入的网络配置对网络安全状态造成的负面影响;网络运维动作脆弱性分析的分析对象是网络动作序列,它主要分析执行特定的网络运维动作序列对网络安全状态造成的负面影响;网络运维策略脆弱性分析则关注给定网络运维策略,分析可能实施的运维动作序列对网络安全状态造成的负面影响。

1.2.2 网络运维配置脆弱性

网络运维配置脆弱性主要是指由于在网络配置中增加了运维相关配置或者配置管理不当而产生的网络脆弱性,其典型的情况包括以下 3 种。

(1) 网络多域攻击路径的防护不合理

在网络空间的安全防护配置部署过程中,需要同时在多个域内配置安全策略,这些域可能包括物理域、数字域、认知域、社会域等。这些域内的安全策略在配置时依照管理员固有经验独立配置,容易产生多域安全策略不协调的情况,缺乏对跨域攻击的整体分析和防护能力。具体可能表现在:允许普通用户进入机房,从而使其可以物理接触敏感业务;关键网络业务使用默认密码,从而使非授权人员访问;不同门禁系统设置同样的密码,使得非授权人员可以随意进出敏感场所;等等。这些问题的存在使得攻击者可以通过多域内的动作共同作用来发动网络攻击。

(2) 对运维人员个人偏好引发的脆弱性缺乏防护

在网络空间安全防护配置部署过程中,很大一部分的设置是由具体运维人员个人所决定的,这就致使网络运维配置上存在着运维人员的个人风格,也可以说是个人偏好,由同一运维人员维护的设备或管理的信息容易出现明显的相似性。比如说,安装相同或相似版本的操作系统,打相同或相似的补丁,部署相同或相似的安全设备,配置相同或相似的安全策略,使用相同或相似的密码,等等。这些相似性的存在,使得攻击者能够利用相同或相似的方法在网络中进行逐步渗透,在一台设备被攻击后,攻击者可能使用相同的方法去攻击其他设备,从而使得看起来较为严密的防护体系被较为容易地攻破。

（3）设备功能失效会引发网络安全配置失效连锁反应

现代网络服务的架构逐渐复杂,特别是随着面向服务的架构(SOA)的兴起,某些防护策略需要依赖特定的网络服务(如认证服务依赖认证服务器、门禁系统依赖门禁服务器),可以通过攻击这些业务的后台服务器使得相应的防护策略失效。如果这种级联失效在网络设计时没有被充分考虑,那么有可能产生严重的后果,比如说,部分前端认证产品在认证服务器无法连接时默认采取放行策略,这样会使得攻击者通过攻击认证服务器达到接入网络的目的。

1.2.3　网络运维动作脆弱性

网络运维动作脆弱性主要指由于网络运维不合理的动作或动作序列产生的网络脆弱性。在网络运维过程中,最基本的动作包含两类,即状态收集和配置更改,前者一般是为了获取网络中的状态信息,发现可能出现的网络问题,为故障诊断提供依据;后者一般是针对特定的任务,在不同运维策略指导下为解决特定任务或处理特定问题而实施一系列的动作。同样,网络运维动作的脆弱性也表现在以下三个方面。

（1）网络运维动作结果引入的脆弱性

网络运维动作的一个重要作用,即是对网络空间的结构、配置、软硬件设备进行更改,这种更改可能为网络引入新的薄弱环节,即脆弱性。比如说,新架设一个网站这个动作可能会在物理域内引入新的网站服务器,在网络域内引入新的网络服务,在信息域内引入新的需要保护的密码信息,等等。这些对网络空间的更改均可能会对网络空间的安全性产生负面影响,致使网络的攻击面发生变化,如果这种攻击面的变化是弊大于利的,即可说网络运维动作引入了额外的脆弱性。

（2）网络运维动作实施引入的脆弱性

除了运维动作结果能够为网络空间引入额外的脆弱性,实施运维动作本身也会为网络空间引入新的脆弱性。一方面,运维动作一般需要运维人员提供某些敏感信息,比如设备管理地址、设备的管理口令等。在这个过程中,如果攻击者可以对运维人员的动作进行监控,则有可能获取到这些信息。另一方面,网络运维动作的实施常常需要向运维人员授予临时的权限,这个临时的权限可能使该运维人员获得更多的权限。比如为了处理空调故障,需要空调维修人员进入敏感数据机房,这个过程中,授予了空调维修人员额外的物理域权限,而他也可能使用该权限获得某些网络服务的使用权。

（3）网络运维动作序列实施引入的脆弱性

在网络运维过程中,运维动作常常是以序列的形式出现的,而且,这些网络运维动作序列会有明确的执行顺序或执行限制,因人员疏忽或意外造成执行顺序错误会为网络引入额外的脆弱性。比如说,服务器部署后,因调试原因一般会开启调试端口,等调试完成后再关闭。在此过程中,如果运维流程不严密,很容易出现调试端口未关闭的情况,则会使得攻击者可以利用调试端口来攻击网络,这就是因网络运维动作序列被破坏所引发的脆弱性。

1.2.4 网络运维策略脆弱性

网络运维策略脆弱性主要指由于实施不合理的网络运维策略而产生的网络脆弱性。其中,网络运维策略主要明确了在网络运维过程中如何组织各种运维动作,实现预定的网络运维目标。它一般是抽象的、规范性的。相较于网络运维配置和网络运维动作,网络运维策略处于高层,对其脆弱性的衡量主要是通过实施该策略可能达到的安全状态或实施的运维动作来实现的。在分析时,引入网络使用者、网络运维者和网络攻击者三类用户,三类用户会分别根据自身的策略对网络实施各种影响,使得网络状态根据不同的动作动态变化。针对网络运维策略带来的脆弱性,应该重点分析在网络攻防博弈过程中是否能够通过运维策略使网络达到不安全的状态,或者是否允许了攻击者的攻击序列正常执行,攻击者是否能够通过引导管理员的某些动作达到改变网络状态或提升权限的目的。具体地,可以从以下三个方面进行分析。

(1)网络运维策略实施的成本

对于某一网络运维策略来说,其在实施过程中必然会需要一定的成本,这个成本可以是经济上的,也可以是人力上、设备上或时间上的。如果在网络运维策略实施过程中,这些成本需求无法被满足,则该网络运维策略所规定的动作序列将无法被执行,从而为网络空间引入新的脆弱性。比如,某公司的入侵行为检测依赖于管理员人工查看入侵检测系统上的告警信息,缺乏必要的关联分析手段时,攻击者可以通过伪造大量的虚假攻击数据包,使入侵检测系统产生大量的虚假报警,使得管理人员陷入忙乱状态,无法分清真实的报警和虚假的报警,从而遗漏真实的入侵事件。

(2)网络运维策略实施的前提

某些网络运维策略,特别是安全事件处置相关的运维策略,其实施有着较强的前提条件,攻击者可以通过某种方式使其外部依赖失效,达到绕过该运维策略进行攻击的效果。比如说,网络访问控制策略的实施依赖于网络中的防火墙设备,可以通过伪造空调维护公司电话号码,给网络管理员打电话,冒充空调维护人员进入机房,改变机房内某条跳线位置,实现绕过防火墙进行攻击的目的;再比如,网络依赖通过入侵检测系统来判断入侵事件,但是该系统特别依赖于交换机上配置的端口流量镜像策略,攻击者如果可以得到该网络设备的管理权限,则可以通过关闭交换机上配置的端口流量镜像策略,使得该入侵检测系统失效。

(3)运维策略实施的负面作用

网络运维策略的实施主要是为了处理某些网络故障或网络事件,但是这个过程对网络空间的安全状态会有一定的负面影响。攻击者可以通过制造相应的网络故障或网络事件,利用管理员动作的负面影响,实施相应的攻击。比如说,某单位在网络接入认证系统发生故障时,会临时取消网络接入认证,针对这种安全策略,攻击者可以伪造空调维护公司电话号码,给网络管理员打电话,然后冒充空调维护人员进入机房,对网络接入认证系统进行物理破坏,然后等待网络管理员取消网络接入认证,实现将攻击终端接入目标网络的目的。再比如,如果管理员无条件信任来自某个电子邮件地址的威胁情报信息,则攻击者可以通过伪造邮件地址,向管理员发布虚假威胁警报,诱导管理员安装虚假的补丁,从而实现木马的种入,等等。

1.3 网络安全管理智能化

既然网络运维管理活动会为网络空间引入额外的脆弱性,那么怎么才能最小化这种脆弱性呢? 实际上,分析网络运维脆弱性产生的原因可以发现,最小化网络运维脆弱性所带来的网络安全威胁,最为根本的,是对网络空间和网络运维流程进行建模,描述网络运维流程中的每一步对网络空间安全的影响,获取在不同时刻下,网络安全管理运维流程对网络空间安全性的影响,进而分析在这些时刻下,网络安全加固策略是否能够有效地对网络运维管理所产生的脆弱性进行加固。在这个过程中,可以从不同层次、不同角度对网络空间进行抽象,从而形成不同的网络运维脆弱性分析过程。

与此同时,也应该注意到,网络安全管理的根本目标即维护保密性、完整性和可用性与网络运维脆弱性的防护是完全一致的。换句话说,应该考虑将网络运维脆弱性的防护纳入现有的网络安全管理流程中,这是对现有网络安全管理流程的一种发展,而不是颠覆性重构。

随着第三次人工智能高潮的到来,以深度学习为代表的新一代人工智能技术快速向各个领域渗透。人工智能作为大数据时代数据分析的一种新的范式,能够有效提取大数据中蕴含的各种特征,并且以独特的、可能人类都暂时无法理解的方式来指导任务的运行。智能化与网络安全管理的传统手段相结合,给网络运维脆弱性的建模、分析和防护提供了有力的工具。

1.3.1 网络运维配置脆弱性分析

网络运维配置脆弱性分析,主要解决如何对运维配置更改后所对应的网络空间的安全性进行分析的问题。这个里面需要研究的问题主要包含三个:

一是网络空间的表示问题。一般认为,网络空间是由物理域、数字域、社会域等各个域内的实体和其复杂关系组成。而这种实体和实体关系如何被表示本身就是一个值得研究的问题。

二是网络空间安全性度量的问题。目前,对网络空间安全的理解都是局部的,而网络运维脆弱性发生的一个根本性问题,就是难以分析网络运维配置对网络空间全局安全性的影响。所以,如何选择和构建度量指标也是网络运维配置脆弱性分析所需要解决的一个根本性问题。

三是大规模影响评估方法问题。在气象学领域,有一个著名的"蝴蝶效应",它讲的是:一只南美洲亚马孙河流域热带雨林中的蝴蝶,偶尔扇动几下翅膀就可以在两周以后引起美国得克萨斯州的一场龙卷风,以此来说明一个微小的变化能影响事物的发展,证实事物的发展的复杂性。那么,对于网络空间这么一个巨大的空间,如何对某个配置所产生的影响进行建模和分析是网络运维脆弱性分析需要解决的第三个根本性问题。

1.3.2 网络安全配置生成智能化

网络安全配置生成智能化实际上是网络运维配置脆弱性分析的后续工作,其解决的根本问题是如何在庞大的安全配置空间内,找到一个合理的配置,使其所对应的网络运维脆弱性最小化的问题。这个过程是一个典型的最优化问题。

对最优化问题的研究有着相当长的历史,最早可以追溯到牛顿、拉格朗日的时代。伯努利、欧拉和拉格朗日均在最优化问题的求解过程中起到了关键的作用。截至目前,拉格朗日乘子法仍旧是最优化问题中最为核心的求解方法之一。20 世纪 40—60 年代,最优化方法得到极大发展:丹齐克提出了单纯型(simpler)算法,基本解决了非约束的线性规划问题;贝尔曼提出了动态规划最优化的基本原理,使得约束优化成为可能;库哈和托克提出了非线性规划的基本定理,为非线性规划奠定了理论基础。在 20 世纪 70 年代,遗传算法被提出,随后禁忌搜索算法、蚁群算法等算法也被相继提出,标志着启发式算法成为解决最优化问题的一类重要方法。

具体到网络安全配置生成的过程中,可以针对网络运维的不同层次,形成不同的优化目标,进而选择具体的方法来进行优化。本书主要介绍了使用遗传算法和多视角分析进行网络安全配置生成的基本方法。

1.3.3 网络安全策略生成智能化

网络安全策略生成智能化主要是利用网络运维中的常见手段,对可能发生的网络安全攻击进行防御和对抗的过程。这个过程中,其基本思想是动态博弈,将网络空间中的用户区分为使用者、攻击者和防御者。攻击者的基本目标是不断调整自身策略,使用多种方式渗透网络;防御者的基本目标是在保证使用者合法使用网络资源的基础上,不断调整自身防御策略,防御攻击者的攻击;而使用者则不关心攻击者和防御者二者的博弈,只希望能够保障自身使用网络资源的合理权益。

在人工智能领域,这个基本过程可以用强化学习来表示。强化学习一词来自行为心理学,表示生物为了趋利避害而频繁地实施对自己有利的策略。强化学习的基本框架如图 1-3 所示,它通过训练一个智能体,与环境进行交互来不断优化自身的策略,从而达到长期收益最大的目的。更多的强化学习知识将在 4.2 节进行介绍。

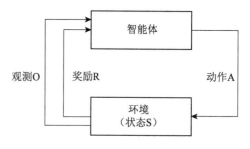

图 1-3　强化学习的基本框架

在网络安全策略智能生成的过程中,可以将防御策略视为一个智能体,它通过观察当前网络环境中的状态进行相应的动作,继而得到相应的奖励。在迭代过程中对自身不断优化和提升的模式可以被广泛地应用于各种安全策略智能生成的场景中。本书第 5 章主要针对安全防护策略生成、DDoS 防护等场景展开研究和讨论。

1.3.4　网络安全威胁响应智能化

网络安全威胁响应智能化,其核心思想是针对入侵检测系统、安全审计系统等外部系统发现的安全威胁,智能化地生成响应建议并自动化地实施响应动作,其实质上是传统的 P2DR2 模型在智能化网络管理中的一种实现。安全威胁响应智能化的实现实际上包含三个要点:安全威胁发现、响应建议生成和响应动作实施。

安全威胁发现的主要目的是尽早和尽量准确地发现可能对网络安全状态进行破坏的行为,它实际上是一个网络恶意行为检测的问题。目前的网络恶意行为检测的相关方法很多,主要可以分为三类:第一类方法是基于特征的,它基于已知的恶意特征,对所有的网络流量、传输的文件或其他操作行为等进行筛选,如果特定的流量、文件或行为具有已知的恶意特征,则将其定义为安全威胁。目前主流的入侵检测系统或入侵防御系统均基于这种模式。这种模式的优点在于准确率较高,误报率较低,而且速度很快,适用于大规模的场景,但是缺点在于它只能针对已知的威胁。第二类方法是基于异常的,其核心思想是提取正常流量、文件或行为的特征,然后判断目标流量、文件或行为的特征是否与其一致。如果与其一致,则证明目标流量、文件或行为是正常的,否则判定为异常。这种方式的优点在于能够有效地发现未知威胁,而无须事先得到安全威胁的特征;这种方式的缺点也很明显,就是误报率比较高,因为所有不符合正常流量、文件或行为特征的并不一定都是安全威胁,也有可能是新的应用或新的应用场景。第三类方法是基于结果的,它通过预测目标流量、文件或行为对网络空间造成的影响,判断其是否会对网络空间安全造成威胁,从而判断目标流量、文件或行为是否属于安全威胁。这种方式的实现相对复杂,需要对目标网络空间进行整体建模,但优势在于结果比较准确,而且能够发现未知的威胁。

响应建议生成主要是根据发现的安全威胁,智能化地生成对应的响应。这种生成方式一般分为两种:一种是简单的阻截,即发现可疑的流量、文件或行为,利用一定的方法对其行为进行拦截,如使用防火墙过滤特定流量,使用杀毒软件删除特定文件,等等。

目前大多数安全设备的防御方式停留在这个层级上，这种方式相对简单粗暴，但是其目标仅仅是处理特定的安全威胁，很难对整个网络进行安全加固。另一种则是结合网络拓扑结构，根据目标流量、文件或行为可能造成的后果，生成有针对性的防御措施，这种方式相对比较复杂，但是能够对整个网络进行有针对性的安全加固。

响应动作实施主要是根据生成的响应建议，自动化地在目标安全设备上添加对应的安全配置，这个过程主要涉及如何对目标安全设备进行自动化操作。通常来说，网络安全设备会提供对应的 Telnet 或 SSH 的管理接口，可以通过远程调用这些接口对安全设备进行配置。除此之外，也可以使用 NETCONF 等协议或网络设备厂家所提供的配置接口对目标网络设备进行配置。

1.4　小结

本章主要对网络空间安全、网络运维管理两个概念进行了辨析，分析了网络运维管理对网络空间安全的影响。在此基础上，提出了网络运维脆弱性和网络运维脆弱性分析的概念，对网络运维脆弱性的起因进行了分析，对其分类进行了介绍。最后，提出利用人工智能手段，对网络运维脆弱性进行分析、评估和防护。

第2章 网络运维配置脆弱性分析

在本章中,针对网络运维配置脆弱性提出了网络运维配置脆弱性分析框架。该框架通过对网络空间多域配置语义信息进行提取和统一建模,计算网络运维配置脆弱性度量指标,实现了对网络运维配置脆弱性的定量度量。

2.1 网络空间建模研究现状

传统的网络脆弱性分析主要集中在网络安全风险评估领域,主要是从软件、硬件、协议、结构等方面进行,较少涉及网络运维管理活动和网络运维配置。而网络运维配置脆弱性主要指由于在网络配置中增加了运维相关配置或者配置管理不当而产生的网络脆弱性。对网络运维配置所产生的脆弱性进行分析,其根本目的是分析修改一个网络运维配置会对网络安全性产生什么样的影响。在这个过程中,需要对网络进行整体建模和分析。

2.1.1 网络安全性建模

依托网络安全模型对网络进行建模和安全性分析是当前学术界进行网络安全性建模的主流方式。其中,主要的模型包括故障树[2]、攻击树[3-4]、攻击图[5-6]、贝叶斯模型[7-8]等,攻击图是所有方法里影响最为广泛的模型。攻击图[9-10]主要是针对攻击者入侵网络的过程进行建模,它用图的方式来描述攻击者在每个步骤中获得某些权限,它可以分为状态攻击图[5]和属性攻击图[11]两类:前者的节点主要是网络受攻击的状态,它存在网络爆炸问题,不适用于大中型网络;而后者的节点表示条件或原子攻击,能够更加有效地表示攻击路径。攻击图由于能够全面分析网络攻击路径,在网络安全领域具有广泛的应用[12-15]。但是,攻击图是以主机漏洞为中心的,它假设彻底的主机漏洞搜索和修补将构建一个安全的网络,这些假设忽视了运维管理过程导致的用户权限滥用,对网络空间安全状态的影响。

除了攻击图,学术界还提出了用其他的一些图来表示用户权限之间的关系:Dacier等人提出了基于 TAM 模型的特权图,找出可能转换至不安全状态的权限转移路径[16];Chinchani 等人提出了用关键挑战图来描述存储在物理实体中的信息对用户特权的影响[17]；Mathew 等人提出了能力获取图的概念，它以信息为中心，集中分析信息获取对用户权限的影响[18]。由于这些模型的构建依赖于精确的网络的高级语义信息，例如网络服务可达关系、信息存储状态等，但是模型构建过程中却并没有给出相关语义提取的内容和过程，致使操作性不强，但是这些以图的形式对用户权限进行建模的方法对研究网络运维脆弱性有着重要的启发作用。

2.1.2　网络空间多域信息建模

攻击图的传统应用基本上只关注于发现特定计算机网络拓扑结构下攻击者的攻击能力，这个过程仅仅局限在信息域，较少涉及物理域、认知域、社会域的安全问题，但随着对计算机网络概念的理解不断深入，特别是网络空间概念的提出，学术界可以通过多域信息联合建模的形式，分析物理域、信息域、社会域活动对网络安全的影响。

对网络空间多域信息进行联合建模，进而分析其安全性，主要的方法是利用形式化的方法定义多域信息，然后根据逻辑规则进行推理，判断系统能否达到不安全状态。Probst 等人提出了一个用于描述跨越物理和数字领域场景的形式化模型[19-20]。Kotenko 等人提出了一个模型来描述社会工程学攻击和物理访问攻击的前提和后置条件，从而可以从该模型可能的状态中判断可能的攻击场景和攻击路径[21]。Scott 等人建立了一个安全模型，主要是添加了物理空间之间的相互包含关系，使得模型能够描述物理空间之间的可达关系，提高了模型的表达能力[22]。Dimkov 提出了一个称为 Portunes 图的安全模型，将物理域、数字域和社会域中的抽象环境语义信息用一个统一的分层图表示[23]。Kammüller 和 Probst 将组织基础设施的形式化建模和分析与社会学解释相结合，为内部威胁分析提供框架[24]。

除了形式化的方法，在信息物理系统安全性分析领域，还通过对电力系统和网络系统之间的相互依赖关系进行建模，分析了电子系统的物理故障对网络可靠性的影响。主要方法是从电力系统和网络系统的关系上，将其分为直接作用类型和间接作用类型[25-26]，进而进行可靠性评估。这个过程中主要的方法有两种[27]：第一种是在定性分析电力系统与网络系统相互作用的基础上，不断对网络组件的可用性状态进行更改，最终得到网络最终的可用性状态和网络组件可靠性指标[28]；第二种是基于特定的场景，在网络系统与物理系统之间建立故障映射模型，并以此评估系统的可靠性[29]。

2.2　网络运维配置脆弱性分析框架

网络运维配置脆弱性分析框架充分借鉴了现有学术成果，以形式化的方式描述了网络空间中的各个实体和实体关系；以用户权限为中心，对网络空间的安全性进行度量；以图论为基础，实现了大规模网络用户权限的快速推理。

15

2.2.1　基本思想

网络运维配置脆弱性分析涉及网络空间安全中的一个根本性的哲学问题：什么样的网络才算是安全的？在学术界，曾经有过"信息系统的安全性是不可以判定的"的论断，意味着对于一个实施自主访问控制或强制访问控制的信息系统，主客体可以通过不同的规则被创建和销毁，从一个初始状态开始，经过一段时间之后，此时系统的主体客体之间的关系是否能够满足系统的安全性是不可以判定的，但是分析网络运维配置脆弱性的概念可以发现，它的发生是由于网络运维配置出现了管理人员没有预料到的负面效果，而这种效果实际上可以依托用户权限来表示。

为了能够更为精确地使用用户权限来进行网络运维配置脆弱性分析，可以进一步对用户权限进行细分，将用户权限表示为三种：用户应得权限、用户初始权限和用户实际权限。其中，用户应得权限代表网络设计规划时每个人员应该获得的权限，其代表网络的理想安全状态；用户初始权限代表网络管理员为用户分配的权限；用户实际权限代表在当前配置下，用户能够获得的权限。

定义了用户权限类型后，即可依托用户权限之间的关系来表示网络运维配置脆弱性。首先，对于一个网络来说，如果所有用户能够获得的权限（用户实际权限）都和管理员规定其能够获得的权限（用户应得权限）一致，那么可以认为当前的运维配置完美实现了管理员的意图，也就是认为当前配置下不存在网络运维配置脆弱性；而如果用户的实际权限与其应得权限相差很大，则认为当前配置存在着较强的运维配置脆弱性。其次，用户的实际权限与其初始权限相关，但是并不完全一致。在大多数情况下，用户的实际权限是远远大于其初始权限的，例如，用户被允许进入某间办公室（获得了某个空间的进入权），将有机会获得某台电脑的使用权（获得了设备使用权），进而可以访问某个网站（获得了服务访问权），看到了某条信息（获得了信息知晓权），用户通过特定的初始权限能够获得什么样的最终权限，与网络配置本身密切相关。最后，用户的应得权限和初始权限都是很容易查询和枚举的，其中，用户应得权限可以通过网络设计文件获得，而用户初始权限可以通过管理员在各种边界安全策略实施点上的配置得到（如门禁系统、边界防火墙等）。所以，通过用户权限来度量网络运维配置脆弱性是可行的。

2.2.2　整体架构

网络运维配置脆弱性分析框架的整体架构如图 2-1 所示，整个网络运维配置脆弱性分析过程可以被划分为三个阶段：语义提取、模型构建和脆弱性度量。该框架的输入包含两个部分：一个是网络多域配置信息，它代表着脆弱性分析的对象，在后面的章节会具体讨论如何对其进行描述；另一个是网络规划设计文档，分析人员可以通过它分析得到网络的理想状态。该框架的输出为网络运维配置脆弱性度量指标，它能够定量地评估目标网络运维配置脆弱性的强弱。

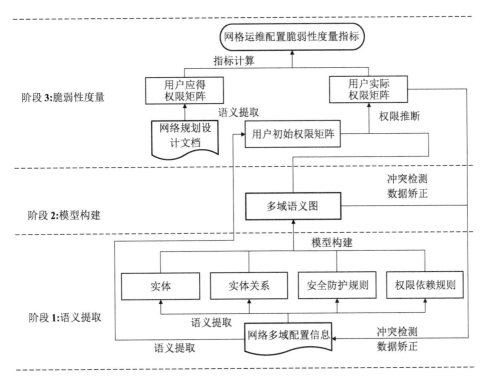

图 2-1　网络运维配置脆弱性分析框架整体架构

- 语义提取。网络运维配置脆弱性分析的第一个阶段是从网络多域配置信息中提取语义信息。在提取网络多域配置的语义信息时,应该着重考虑其语义信息的表示层次,一个较低层次的语义信息有利于对配置语义的清晰表达,但是会使得后期的模型十分庞大和复杂;反之,一个较高层次的语义信息会使得模型相对简洁明了,但是将不能准确反映配置变化给语义信息带来的变化。在网络运维配置脆弱性分析框架中,提取的基础语义信息主要包括四个部分,分别是实体、实体关系、安全防护规则和权限依赖规则。关于这些语义信息的具体内涵,将在2.2.3 节予以具体描述。

- 模型构建。在提取了网络多域配置的语义信息后,将利用这些语义信息进行建模,在该框架中,主要是建立多域语义图,为网络运维配置脆弱性度量奠定基础。多域语义图用一种直观的、形式化的方式来表示多域配置的语义信息,它能够同时表示网络的静态语义信息和动态语义信息。其中,静态语义信息表示网络当前的安全状态,而动态语义信息表示网络当前安全状态如何改变。

- 脆弱性度量。脆弱性度量阶段的主要任务是对网络运维配置的脆弱性进行度量,计算相应的网络运维配置脆弱性度量指标。该指标是以用户权限为核心的,主要是来度量用户应该获得的权限和实际获得的权限之间的不同。

具体的网络运维配置脆弱性度量指标计算过程可以分为四个步骤:首先,分析人员基于网络规划设计文档建立用户应得权限矩阵,用它来表示在网络规划设计中,用户应该获得的权限。由于用户应得权限矩阵实际上是网络安全策略的集中表示,所以它能够被有经验的网络管理人员构建。其次,分析人员通过网络多域配置信息来构建用户初始权限矩阵,其中表示的权限是网络管理员直接赋予用户的权限。再次,通过用户初始权限矩阵来计算用户实际权限矩阵,这个过程主要是依赖多域语义图进行形式化推理的过程。最后,通过用户实际权限矩阵和用户应得权限矩阵来计算网络运维配置脆弱性度量指标,这些指标将在 2.2.4 节进行具体描述,定量地表示在当前配置下的网络运维脆弱性。

除此之外,在多域语义图的构建过程中,可以对预先采集的语义信息进行冲突检测和数据矫正,发现其中可能存在的错误信息;一旦发现错误,将回到相应的语义提取阶段。在这个过程中,同样能够发现基础语义信息的错误。在通过用户初始权限矩阵构建用户实际权限矩阵的过程中,能够同时发现从初始权限提升至目标权限的提权路径,这些提权路径能够在实际环境中进行验证。如果发现某个提权路径不通过,那么证明相应的语义信息采集有误。通过这种方式,同样能够发现在语义提取阶段发生的潜在错误。

2.2.3 配置语义信息

在语义提取阶段,需要提取的多域配置语义信息主要包括实体、实体关系、安全防护规则和权限依赖规则,以及由实体推理出的用户权限信息[30]。在本节,对其进行逐一讨论。

（1）实体

需要收集的实体共有 7 种,如表 2-1 所示,分别为空间实体、设备实体、端口实体、服务实体、文件实体、信息实体和人员实体。

表 2-1 实体类型表

序号	实体名称	域	代表的含义
1	空间实体	物理域	空间
2	设备实体	物理域	物理实体
3	端口实体	网络域	物理端口或虚拟端口
4	服务实体	网络域	网络服务
5	文件实体	数字域	数字文件
6	信息实体	数字域	数字信息
7	人员实体	社会域	用户、管理员或攻击者

空间实体位于物理域,表示空间信息,如城市、校园、楼宇、房间等。设备实体位于物理域,表示物理实体,一方面包含网络设备和终端设备,如交换机、路由器、终端等,另

一方面也包含钥匙、门禁卡等与安全策略相关的物理实体。端口实体位于网络域,表示网络设备和终端设备的端口,不仅仅包含物理端口,也包含虚拟网络端口,如 VLAN 端口等。服务实体也位于网络域,表示设备上开启的服务,一方面,可以表示实际开启的服务,如 HTTP 服务、FTP 服务、E-mail 服务等;另一方面,对于某些功能,也可以表示为开启某些服务,如某台终端响应 PING 命令,则可以认为它开启了一个名为 PING 的服务。文件实体位于数字域,表示数字文件,可以表示存储在终端或服务器上的数字文件。信息实体位于数字域,表示信息实体,用于表示数字信息,如用户名、密码、密钥、信息等。人员实体表示在分析中涉及的人的信息,包含攻击者、用户和管理员等。

（2）用户权限信息

用户权限是网络运维配置脆弱性分析的核心,需要收集的用户权限类型主要有 9 种,具体见表 2-2,分别为空间进入权（SPACE-ENTER）、设备使用权（OBJECT-USE）、设备支配权（OBJECT-DOMINATE）、端口使用权（PORT-USE）、端口支配权（PORT-DOMINATE）、服务可达权（SERVICE-REACH）、服务支配权（SERVICE-DOMINATE）、文件支配权（FILE-DOMINATE）和信息知晓权（INFORMATION-KNOW）。

其中,空间进入权、设备使用权和设备支配权是物理域权限,其中空间进入权表示用户具有进入某个物理空间的权限,设备使用权表示用户具有使用某个设备的权限,设备支配权表示用户可以支配某个设备。设备使用权和设备支配权之间的差别是前者表示用户只能够按照设备的当前状态使用设备,而后者表示用户可以对设备的形态和配置进行改变。端口使用权、端口支配权、服务可达权和服务支配权是网络域权限。其中,端口使用权表示用户能够使用该端口进行网络访问,端口支配权表示用户能够改变某个端口的状态或配置,服务可达权表示对该服务的请求信息流能够到达该服务,但不意味着能够正常使用该服务,服务支配权表示用户能够正常通过服务的安全认证,正常使用该服务。文件支配权、信息知晓权是数字域权限,其中文件支配权表示用户能够读取、删除、修改文件,信息知晓权表示用户知晓某个数字信息。

由用户权限类型可知,实际上,网络中的用户权限数量与实体数量是息息相关的,比如说存在一个空间实体 S,那么就存在空间实体 S 所对应的空间进入权"S|SPACE-ENTER",这就意味着,对实体信息收集完成后,网络空间中所存在的权限信息也已经确定。

表 2-2　用户权限类型表

序号	权限类型	权限描述
1	空间进入权	允许进入某个空间的权限
2	设备使用权	使用终端、设备、密钥或门禁卡等物品的权限
3	设备支配权	更改设备的状态或参数的权限
4	端口使用权	使用端口进行服务访问的权限
5	端口支配权	更改端口的状态或参数的权限

（续表）

序号	权限类型	权限描述
6	服务可达权	到达某个服务的权限
7	服务支配权	正常使用服务的权限
8	文件支配权	对文件进行阅读使用和复制等操作的权限
9	信息知晓权	知晓特定信息的权限

（3）实体关系

实体关系共有 4 大类 13 种，具体见表 2-3，主要描述实体之间如何相互影响。实体关系一般是偏序的，也就是说对于关系 $\oplus$，$a \oplus b$ 一般不等于 $b \oplus a$。

- 包含关系。包含关系共包含 9 种关系，表示两个实体之间的包含与被包含的关系，分别存在于空间实体到空间实体、设备实体到空间实体、端口实体到设备实体、服务实体到端口实体、文件实体到服务实体、信息实体到服务实体、文件实体到文件实体、信息实体到文件实体以及信息实体到信息实体之间。包含关系一般是多对一的，存在于不同实体之间的包含关系使得这些实体构成一个跨越多域的树形结构。

- 连接关系。连接关系仅有 1 种，存在于端口实体到端口实体之间，表示两个端口相互之间能够交换数据。在不考虑虚拟接口时，这种数据交换关系实际上与物理端口之间的连接关系相同。在考虑虚拟接口时，这种数据交换关系还包括物理端口和虚拟端口的数据交换关系，这些关系与网络设备的路由设置或 VLAN 设置有关。

- 依赖关系。依赖关系也仅包含 1 种关系，存在于服务实体到服务实体之间，表示某个服务实体对另一服务实体的单向依赖关系，即某个服务的正常运行是另一个服务正常运行的必要条件。由于服务实体之间的依赖关系十分复杂，不同的服务实体之间构成了一种复杂的网状关系。

- 支配关系。支配关系包含 2 种关系，分别存在于服务实体到信息实体和设备实体到服务实体之间，用于表示使用服务或管理设备的必要条件，即只有知晓某个信息，才能够使用某个服务；只有能使用某个服务，才能够管理某个设备。支配关系的顺序一般与包含关系的顺序相反，意味着对底层实体的控制能够影响到高层设备的管理状态。

表 2-3　实体关系类型表

序号	类型	实体关系	具体含义
1	包含关系	空间实体 a 到空间实体 b	空间实体 a 是空间实体 b 的子空间
2	包含关系	设备实体 a 到空间实体 b	设备实体 a 被放置于空间实体 b 内
3	包含关系	端口实体 a 到设备实体 b	端口实体 a 在设备实体 b 中

（续表）

序号	类型	实体关系	具体含义
4	包含关系	服务实体 a 到端口实体 b	服务实体 a 在端口实体 b 上运行
5	包含关系	文件实体 a 到服务实体 b	连接到服务实体 b 上获取文件实体 a
6	包含关系	信息实体 a 到服务实体 b	连接到服务实体 b 上获取信息实体 a
7	包含关系	文件实体 a 到文件实体 b	文件实体 a 是文件实体 b 的一部分
8	包含关系	信息实体 a 到文件实体 b	读取文件实体 b 可以获取信息实体 a
9	包含关系	信息实体 a 到信息实体 b	从信息实体 b 中可以获取信息实体 a
10	连接关系	端口实体 a 到端口实体 b	数据流可以从端口实体 a 到端口实体 b
11	依赖关系	服务实体 a 到服务实体 b	对服务实体 a 的正常操作依赖服务实体 b
12	支配关系	服务实体 a 到信息实体 b	连接服务实体 a 需要获取信息实体 b
13	支配关系	设备实体 a 到服务实体 b	连接服务实体 b 可以控制设备实体 a

（4）安全防护规则

安全防护规则主要有 3 大类 5 种，具体见表 2-4。安全防护规则主要用来表示权限改变的限制条件，即对用户获得新的权限的限制。在本书中，主要定义了物理域安全防护规则、网络域安全防护规则和信息域安全防护规则 3 大类安全防护规则。

- 物理域安全防护规则。物理域安全防护规则主要描述在物理域内阻止非法访问的手段和方法，用于防止非法人员进入某个空间。主要包含 3 类具体的安全防护规则：一是基于生物特征的物理安全防护规则，如通过相片、指纹、掌纹、虹膜等方式进行身份认证，这些安全防护方式可以被简化为允许某人通过；二是基于物理设备或信息的物理安全防护规则，如通过锁、门禁卡、密码等方式验证用户身份，这些安全防护方式可以被简化为允许某物或某信息通过；三是基于对应关系的安全防护规则，即通过核验人和物的对应关系来进行身份认证，如通过增加门卫识别人与证件的一致性等方式验证用户身份，这些安全防护方式可以被表示为允许某人持有某物通过。

- 网络域安全防护规则。网络域安全防护规则主要描述在网络域内阻止非法访问的手段和方法。在实际的网络中，可以使用访问控制列表、静态路由、VLAN 划分等方法实现网络隔离。在本书中，主要考虑访问控制列表，将其描述为允许源地址为某个端口、目的地址为某个端口、目标为某个服务的数据流通过。其余基于静态路由、VLAN 划分的网络隔离手段，则会将其转化为不同端口之间问题的连接关系，而非网络域安全防护规则。

- 信息域安全防护规则。信息域安全防护规则主要描述在信息域内阻止非法访问的手段和方法。最主要的方法是在信息存储或传输时进行加密，无论加密是通过对称密码体系还是公钥密码体系，都需要用一个密钥来对文件进行解密。所以信息安全防护策略可以简化为知晓某个信息的人能够从密文中获取明文。对于对称密码体系加密的文件,这个信息即是用于加密的对称密钥;对于公钥密码体系加密的文件,这个信息即是用于解密的私钥。

表 2-4　安全防护规则类型表

序号	类型	安全防护规则	含义
1	物理域安全防护规则	基于生物特性的安全防护规则	某些特定的人可以通过安全防护规则
2	物理域安全防护规则	基于物理设备或信息的安全防护规则	拥有某些物品或信息的人可以通过安全防护规则
3	物理域安全防护规则	基于对应关系的安全防护规则	某些特定的人,如果拥有特定的物品,可以通过安全防护规则
4	网络域安全防护规则	基于地址或服务的安全防护规则	某个数据流可以通过安全防护规则
5	信息域安全防护规则	基于加密的安全防护规则	拥有密钥的人可以通过安全防护规则

（5）权限依赖规则

权限依赖规则表示用户权限之间的依赖关系,它是利用"∧""∨""┐"和"→"等逻辑联结词进行定义的逻辑命题。本书给出了 14 条基本的规则,2.3.1 节将结合多域语义图的形式化定义这些规则。需要注意的是,在不同的网络中,权限依赖的具体规则和每条规则的适用范围并不相同。在对实际网络进行网络运维脆弱性分析时,需要针对网络的实际情况,对权限依赖规则进行增加、删除和修改。

2.2.4　网络运维配置脆弱性度量

如果认为当用户实际权限和用户应得权限相同时,网络是安全的,那么可以将用户实际权限与用户应得权限之间的差值作为网络脆弱性的度量指标。

为了能够将这个度量指标数学化,现引入用户权限矩阵来表示用户能够获得的权限,其基本结构可以被表示为一个矩阵:

$$\boldsymbol{P} = [p_{ij}] \in \{0, 1\}^{U \times P}$$

U 是网络中所有用户的数量,P 是网络中所有权限的数量。当矩阵中某个元素 $p_{ij} = 1 (1 \leqslant i \leqslant U, 1 \leqslant j \leqslant P)$ 时,它表示第 i 个用户拥有第 j 个权限;反之,如果某个元素 $p_{ij} = 0$ 时,则表示第 i 个用户不拥有第 j 个权限。

为满足网络运维配置脆弱性度量的需求,对于用户的应得权限、初始权限和实际权限,可以分别构建对应的用户应得权限矩阵(user deserved privilege matrix, UDPM),用户初始权限矩阵(user initial privilege matrix, UIPM)和用户实际权限矩阵(user actual privilege matrix, UAPM),它们的基本结构是相同的,只是矩阵中的值不同。

在度量网络运维配置脆弱性时,应该充分考虑到不同用户权限的误分配对网络空间安全性的影响是不一样的,所以可以引入一个权重向量 $\boldsymbol{W} \in \boldsymbol{R}^{P \times 1}$,它表示不同权限的重要程度,对于该向量中的每一个元素,均有 $0 \leqslant w_i \leqslant 1 (1 \leqslant i \leqslant P)$。 那么对于网络当前多域配置 s,其脆弱性可以由式(2-1)来度量:

$$\sec(s) = F_{as}(\boldsymbol{UDPM}, \boldsymbol{UAPM}, \boldsymbol{W}) \qquad (2\text{-}1)$$

其中,$\sec(s)$ 是多域配置 s 的运维配置的脆弱性,函数 $F_{as}(\boldsymbol{UDPM}, \boldsymbol{UAPM}, \boldsymbol{W})$ 是网络运维配置脆弱性度量函数。对于度量函数的不同实现,可以从不同的侧面来度量网络运维配置的脆弱性。在本书中,采取两种方式来实现该度量函数。

(1) WLN

第一种实现度量函数的方式是基于用户权限矩阵差值的加权 L1 范数(weighted L1 norm),我们将其命名为 WLN:

$$\text{WLN}(\boldsymbol{UDPM}, \boldsymbol{UAPM}, \boldsymbol{W}) = 1 - \frac{\| \text{abs}(\boldsymbol{UDPM} - \boldsymbol{UAPM}) \times \boldsymbol{W} \|_L^1}{U \times \| \boldsymbol{W} \|_L^1} \qquad (2\text{-}2)$$

其中函数 $\text{abs}(\boldsymbol{\Theta})$ 是将矩阵 $\boldsymbol{\Theta}$ 中的每一个元素取绝对值;$\| \boldsymbol{\Theta} \|_L^1$ 是计算矩阵 $\boldsymbol{\Theta}$ 的 L1 范数,即求矩阵中的每一个元素的绝对值之和。

WLN 指标度量的是用户应得权限 $\boldsymbol{UDPM}$ 和用户实际权限 $\boldsymbol{UAPM}$ 中不同的元素所占矩阵整体元素的比重,其值为介于 0 和 1 之间的实数。由于矩阵 $\boldsymbol{UDPM}$ 和矩阵 $\boldsymbol{UAPM}$ 中的元素的值均为 0 或 1,则二者的差矩阵中的元素的值可能为 -1、0 和 1 三种;所以,对差矩阵每个元素求绝对值后,元素可能的值只有 0 和 1 两种,其中 0 代表该位置元素在 $\boldsymbol{UDPM}$ 和 $\boldsymbol{UAPM}$ 中相同,1 代表该位置元素在 $\boldsymbol{UDPM}$ 和 $\boldsymbol{UAPM}$ 中不同。将该矩阵乘权重向量 $\boldsymbol{W}$,计算 L1 范数并归一化,则得到 $\boldsymbol{UDPM}$ 和 $\boldsymbol{UAPM}$ 中不同元素的权重占所有元素权重的比重,该比重越小,WLN 的值就越大,则证明 $\boldsymbol{UDPM}$ 和 $\boldsymbol{UAPM}$ 越接近,即网络运维配置脆弱性越弱,网络的整体安全性越好。

(2) JSC

第二种实现度量函数的方式是基于 Jaccard 相似系数(Jaccard similarity coefficient)来度量用户应得权限和实际权限的不同,所以将其命名为 JSC:

$$\text{JSC}(\boldsymbol{UDPM}, \boldsymbol{UAPM}, \boldsymbol{W}) = \frac{\| \text{M11} \times \boldsymbol{W} \|_L^1}{\| \text{M01} \times \boldsymbol{W} \|_L^1 + \| \text{M10} \times \boldsymbol{W} \|_L^1 + \| \text{M11} \times \boldsymbol{W} \|_L^1}$$

$$(2\text{-}3)$$

其中,$\boldsymbol{MPQ}$ 是一类与 $\boldsymbol{UDPM}$ 和 $\boldsymbol{UAPM}$ 结构相同的矩阵,其元素取值由以下规则确定:如果 $UDPM_{ij} = P$ 且 $UAPM_{ij} = Q$,则 $MPQ_{ij} = 1$,否则 $MPQ_{ij} = 0$。P、Q 的值可以为 0 或 1。与 WLN 相同,JSC 指标也是一个介于 0 与 1 之间的数字,其比值越高,代表用户实际权限与用户应得权限越相似;反之,则代表用户实际权限与用户应得权限之间差距越大。

两个度量指标相比较,各自具有各自的优势。WLN 指标的度量方式更加直接,它简单地度量用户实际权限与用户应得权限中所有不同的权限的权重占总权重的比重,而 JSC 指标的度量拥有更多的物理含义,它关注在授权过程中被正确授权的权限所占的比重,这也是管理员更加关注的部分。

2.3 基于多域语义图的运维配置脆弱性分析

2.3.1 多域语义图

在网络运维配置脆弱性分析框架的语义提取阶段,提取到的语义信息主要包括实体、实体关系、安全防护规则和权限依赖规则等信息。其中,实体、实体关系、安全防护规则等语义信息表示网络空间状态的静态属性,即网络空间是什么样的;而权限依赖规则表示网络空间的动态属性,即网络如何进行演化。为了能够将这些信息统一表示,本节提出了多域语义图(multiple domain semantics graph,MDSG)的概念,它以有向图的方式,实现对网络空间动静态属性的统一表示。

多域语义图被定义为九元组:

$$\text{MDSG} = (N, E, P, A, V, R, \pi, \varphi, \delta)$$

N 是节点的集合,它表示网络实体,不同的节点被赋予不同的节点类型,代表不同的网络实体。函数 $\pi: N \times L$ 为节点到节点类型的映射函数,其中 $L = \{\text{NS, NO, NP, NV, NF, NI, NR}\}$ 是节点类型的集合,NS、NO、NP、NV、NF、NI 和 NR 分别表示节点类型为空间节点、设备节点、端口节点、服务节点、文件节点、信息节点和人员节点,对应的实体分别为空间实体、设备实体、端口实体、服务实体、文件实体、信息实体和人员实体。

E 是边的集合,它表示网络实体之间的关系,根据边的起始节点和终止节点的不同,可以将边分为 13 种,分别对应表 2-3 中的 13 种实体关系。

P 是路径的集合,它表示网络数据流从一个网络设备端口流向另一个网络设备端口的可能路径。对于任意的路径 $p(n_1, n_2) \in P$,它表示一条从网络设备端口 n_1 到网络设备端口 n_2 的路径。每条路径由一系列首尾相接的网络端口连接关系组成,即对于 $p(n_1, n_2) = (e_1, e_2, \cdots, e_n)$,有 $\text{SN}(e_1) = n_1$ 和 $\text{EN}(e_n) = n_2$,且 $\text{SN}(e_{k+1}) = \text{EN}(e_k)$ $(1 \leqslant k < n)$,其中 $e_1, e_2, \cdots, e_n \in E$,$\text{SN}(e)$ 表示边 e 的起始节点,$\text{EN}(e)$ 表示边 e 的终止节点。

A 是在多域配置中的安全防护规则,对应表 2-4 的各种安全防护规则,它们的表示如表 2-5 所示。函数 $\varphi: E \to D$ 表示边是否具有安全防护规则,其中 $D = \{\text{TRUE, FALSE}\}$,表示该边上能够配置或者不能配置安全防护规则。函数 $\delta: E \to A^*$ 表示边上的安全防护规则。需要注意的是,在一条边上可以配置多条安全防护规则。

表 2-5 安全防护规则的符号表示

序号	安全防护规则	符号表示	规则含义
1	基于生物特性的安全防护规则	$\langle n_r \rangle$: $\pi(n_r) = NR$	人员 n_r 能够通过该安全防护规则
2	基于物理设备或信息的安全防护规则	$\langle n \rangle$: $\pi(n) = NO \vee$ $\pi(n) = NI$	能够支配设备 n 或知晓信息 n 的人员能够通过该安全防护规则
3	基于对应关系的安全防护规则	$\langle n_r, n \rangle$: $\pi(n_r) = NR \wedge$ $(\pi(n) = NO \vee \pi(n) = NI)$	能够支配设备 n 或知晓信息 n 的人员 n_r 能够通过该安全防护规则
4	基于地址或服务的安全防护规则	$\langle n_{p1}, n_{p2}, n_v \rangle$: $\pi(n_{p1}) = NP$ $\wedge \pi(n_{p2}) = NP \wedge \pi(n_v) = NV$	源端口为 n_{p1}、目的端口为 n_{p2}、目的服务为 n_v 的数据流能够通过该安全防护规则
5	基于加密的安全防护规则	$\langle n_{i1}, n_{i2}, \cdots, n_{in} \rangle$: $\pi(n_{i1}) = \pi(n_{i2}) = \cdots = \pi(n_{in}) = NI$	具有所有信息 $n_{i1}, n_{i2}, \cdots, n_{in}$ 的信息知晓权的人能够通过该安全防护规则

$V \subset N \times K$ 是用户权限的集合,其中 $K = \{SE, OU, OD, PU, PD, VR, VD, FD, IK\}$ 是权限类型的集合,SE、OU、OD、PU、PD、VR、VD、FD 和 IK 分别代表空间进入权、设备使用权、设备支配权、端口使用权、端口支配权、服务可达权、服务支配权、文件支配权和信息知晓权。根据用户权限类型的定义可知,不同类型的节点只能对应一种或两种权限。比如对于一个空间节点,对应的只有该节点的空间进入权;对于一个设备节点,对应的只有该节点的设备使用权和设备支配权。这也意味着,集合 V 是集合 $N \times K$ 的一个真子集。

R 是权限依赖规则的集合,在标准的多域语义图定义中,有 14 条标准的权限依赖规则,在实际使用过程中可以根据实际情况进行增删和修改。标准的权限依赖规则主要包括:

(1) 如果一个用户能够进入某一个空间,而且不被该空间与另一空间的安全防护规则阻止,则他能进入另一空间。该规则可被形式化描述为:

$$\forall n_{s1}, n_{s2}, n_r \in N: \pi(n_{s1}) = NS \wedge \pi(n_{s2}) = NS \wedge \pi(n_r) = NR$$
$$\wedge (n_{s1}, n_{s2}) \in E \wedge HP(n_r, n_{s1}, SE) \wedge (\varphi(n_{s1}, n_{s2}) = FALSE \vee$$
$$(\varphi(n_{s1}, n_{s2}) = TRUE \wedge PASS(n_r, \delta(n_{s1}, n_{s2})))) \rightarrow HP(n_r, n_{s2}, SE)$$

(规则 1)

其中,$HP(s, o, p)$ 表示用户 s 拥有实体 o 的权限 p,如 $HP(n_r, n_{s1}, SE)$ 表示用户 n_r 拥有空间实体 n_{s1} 的空间进入权,$PASS(s, p)$ 表示实体或实体对 s 能够通过安全防护规则 p(s 的类型会根据 p 的类型而不同)。

（2）如果某一用户能够进入某一空间，则他拥有该空间内所有设备的设备使用权。该规则可被形式化描述为：

$$\forall n_s, n_o, n_r \in N: \pi(n_s) = \mathrm{NS} \wedge \pi(n_o) = \mathrm{NO} \wedge \pi(n_r) = \mathrm{NR}$$

$$\wedge (n_o, n_s) \in E \wedge \mathrm{HP}(n_r, n_s, \mathrm{SE}) \rightarrow \mathrm{HP}(n_r, n_o, \mathrm{OU}) \tag{规则2}$$

（3）如果某一用户拥有某一设备的设备使用权，则他可以拥有该设备上所有端口的端口使用权。该规则可被形式化描述为：

$$\forall n_o, n_p, n_r \in N: \pi(n_o) = \mathrm{NO} \wedge \pi(n_p) = \mathrm{NP} \wedge \pi(n_r) = \mathrm{NR}$$

$$\wedge (n_p, n_o) \in E \wedge \mathrm{HP}(n_r, n_o, \mathrm{OU}) \rightarrow \mathrm{HP}(n_r, n_p, \mathrm{PU}) \tag{规则3}$$

（4）如果某一用户拥有某端口的端口使用权，则他能够通过该端口访问该端口可达的服务。该规则可被形式化描述为：

$$\forall n_{p1}, n_{p2}, n_v, n_r \in N: \pi(n_{p1}) = \mathrm{NP} \wedge \pi(n_{p2}) = \mathrm{NP} \wedge \pi(n_v) = \mathrm{NV} \wedge \pi(n_r) = \mathrm{NR}$$

$$\wedge (n_v, n_{p2}) \in E \wedge (n_{p1} = n_{p2} \vee (\forall e \in p(n_{p1}, n_{p2}): \varphi(n_{p1}, n_{p2}) = \mathrm{FALSE} \vee$$

$$(\varphi(n_{p1}, n_{p2}) = \mathrm{TRUE} \wedge \mathrm{PASS}((n_{p1}, n_{p2}, n_v), \delta(n_{p1}, n_{p2})))))$$

$$\wedge \mathrm{HP}(n_r, n_{p1}, \mathrm{PU}) \rightarrow \mathrm{HP}(n_r, n_v, \mathrm{VR}) \tag{规则4}$$

（5）如果某一用户拥有某一服务的服务可达权，而且他拥有该服务的密码或该服务没有密码，则他可以获得该服务的服务支配权。该规则可被形式化描述为：

$$\forall n_v, n_i, n_r \in N: \pi(n_p) = \mathrm{NP} \wedge \pi(n_v) = \mathrm{NV} \wedge \pi(n_i) = \mathrm{NI} \wedge \pi(n_r) = \mathrm{NR}$$

$$\wedge (n_v, n_i) \in E \wedge \mathrm{HP}(n_r, n_v, \mathrm{VR}) \wedge \mathrm{HP}(n_r, n_i, \mathrm{IK}) \rightarrow \mathrm{HP}(n_r, n_v, \mathrm{VD})$$

$$\tag{规则5}$$

（6）如果某一用户可以支配某一服务，则他能够支配从该服务中得到的文件。该规则可被形式化描述为：

$$\forall n_v, n_f, n_r \in N: \pi(n_v) = \mathrm{NV} \wedge \pi(n_f) = \mathrm{NF} \wedge \pi(n_r) = \mathrm{NR}$$

$$\wedge (n_f, n_v) \in E \wedge \mathrm{HP}(n_r, n_v, \mathrm{VD}) \rightarrow \mathrm{HP}(n_r, n_f, \mathrm{FD}) \tag{规则6}$$

（7）如果某一用户可以支配某一服务，则他能够支配从该服务中得到的信息。该规则可被形式化描述为：

$$\forall n_v, n_i, n_r \in N: \pi(n_v) = \mathrm{NV} \wedge \pi(n_i) = \mathrm{NI} \wedge \pi(n_r) = \mathrm{NR}$$

$$\wedge (n_i, n_v) \in E \wedge \mathrm{HP}(n_r, n_v, \mathrm{VD}) \rightarrow \mathrm{HP}(n_r, n_i, \mathrm{IK}) \tag{规则7}$$

（8）如果某一用户可以支配某一文件，则他能够支配该文件中的信息。该规则可被形式化描述为：

$$\forall n_f, n_i, n_r \in N: \pi(n_f) = \mathrm{NF} \wedge \pi(n_i) = \mathrm{NI} \wedge \pi(n_r) = \mathrm{NR}$$

$$\wedge (n_i, n_f) \in E \wedge \mathrm{HP}(n_r, n_f, \mathrm{FD}) \rightarrow \mathrm{HP}(n_r, n_i, \mathrm{IK}) \tag{规则8}$$

（9）如果某一用户可以支配某一文件，而且具有该文件的解密密钥或者文件未加密，则他可以得到解密后的文件。该规则可被形式化描述为：

$$\forall n_{f1}, n_{f2}, n_r \in N: \pi(n_{f1}) = NF \wedge \pi(n_{f2}) = NF \wedge \pi(n_r) = NR$$
$$\wedge (n_{f1}, n_{f2}) \in E \wedge (\varphi(n_{f1}, n_{f2}) = FALSE \vee (\varphi(n_{f1}, n_{f2}) = TRUE$$
$$\wedge PASS(n_r, \delta(n_{f1}, n_{f2})))) \wedge HP(n_r, n_{f2}, FD) \rightarrow HP(n_r, n_{f1}, FD)$$

（规则 9）

（10）如果某一用户知晓某一信息，而且具有该信息的解密密钥或信息未加密，则他可以得到解密后的信息。该规则可被形式化描述为：

$$\forall n_{i1}, n_{i2}, n_r \in N: \pi(n_{i1}) = NI \wedge \pi(n_{i2}) = NI \wedge \pi(n_r) = NR$$
$$\wedge (n_{i1}, n_{i2}) \in E \wedge (\varphi(n_{i1}, n_{i2}) = FALSE \vee (\varphi(n_{i1}, n_{i2}) = TRUE$$
$$\wedge PASS(n_r, \delta(n_{i1}, n_{i2})))) \wedge HP(n_r, n_{i2}, IK) \rightarrow HP(n_r, n_{i1}, IK)$$

（规则 10）

（11）如果某一用户可以支配某一服务，则他可以支配受该服务管理的设备。该规则可被形式化描述为：

$$\forall n_v, n_o, n_r \in N: \pi(n_v) = NV \wedge \pi(n_o) = NO \wedge \pi(n_r) = NR$$
$$\wedge (n_o, n_v) \in E \wedge HP(n_r, n_v, VD) \rightarrow HP(n_r, n_o, OD) \qquad （规则 11）$$

（12）如果某一用户可以支配某一设备，则他可以使用该设备。该规则可被形式化描述为：

$$\forall n_o, n_r \in N: \pi(n_o) = NO \wedge \pi(n_r)$$
$$= NR \wedge HP(n_r, n_o, OD) \rightarrow HP(n_r, n_o, OU) \quad （规则 12）$$

（13）如果某一用户可以支配一个设备，则他可以支配该设备上所有端口。该规则可被形式化描述为：

$$\forall n_o, n_p, n_r \in N: \pi(n_o) = NO \wedge \pi(n_p) = NP \wedge \pi(n_r) = NR$$
$$\wedge (n_p, n_o) \in E \wedge HP(n_r, n_o, OD) \rightarrow HP(n_r, n_p, PD) \qquad （规则 13）$$

（14）如果某一用户可以支配一个端口，则他可以使用该端口。该规则可被形式化描述为：

$$\forall n_p, n_r \in N: \pi(n_p) = NP \wedge \pi(n_r)$$
$$= NR \wedge HP(n_r, n_p, PD) \rightarrow HP(n_r, n_p, PU) \quad （规则 14）$$

除了定义外，多域语义图还应该满足一些直观的性质，比如说，图中只能出现特定的边和特定的用户权限，每个服务至少要在一个端口上运行，等等。这些性质均可以用形式化的方式加以描述,因篇幅所限,不再赘述。但是这些性质是检验配置语义信息一致性的一个标准,实际上,构建多域语义图的过程是循环的,在这个过程中,多域配置语义信息被逐步求精。

2.3.2　用户实际权限计算

在多域语义图中,以形式化的方式对网络基本信息进行了描述,那么对于网络运维配置脆弱性度量指标而言,在脆弱性度量阶段最重要的任务就是通过用户初始权限矩阵 **UIPM** 计算用户实际权限矩阵 **UAPM**。直观地,可以提出算法 2-1。

算法 2-1 的思路十分简单,它对于每个用户,分别从其初始权限开始,利用多域语义图中明确的权限依赖规则,逐一发现用户能够获取的权限。这个过程中,只考虑同一用户权限之间的相互依赖关系,而不考虑不同用户之间的权限依赖关系,也不考虑用户之间主动相互授权。

算法 2-1：基于多域语义图的用户实际权限计算

输入:用户初始权限矩阵 uipm,当前网络空间多域配置对应的多域语义图 mdsg

输出:用户实际权限矩阵 uapm

＃＃将用户初始权限矩阵 uipm 中的每一个元素初始化为 0

1：uipm＝$[0]_{U,P}$

＃＃对每一个用户逐一计算其实际权限

2：for i＝1 to U

3：begin

　　＃＃从矩阵 uipm 得到第 i 行,也就是第 i 个用户的权限

4：　　uip ＝ getRowByNum(uipm, i)

　　＃＃得到矩阵 uipm 第 i 行所对应的用户

5：　　u ＝ getUserByRowNum(uipm, i)

　　＃＃得到当前用户的实际权限

6：　　uap ＝ getActualPrivilege(mdsg, u, uip)

　　＃＃ 将 uap 设置为 uapm 的第 i 行

7：　setRowByNum(uapm, uap, i)

8：end

9：return uapm

算法 2-1 涉及 4 个子函数,其中 getRowByNum(uipm,i)表示得到权限矩阵 uipm 的第 i 行,返回的是一个向量,代表第 i 个用户的权限;setRowByNum(uapm, uap, i)则表示将向量 uap 写入权限矩阵 uapm 的第 i 行,也就是将第 i 个用户的权限改变;getUserByRowNum(uipm, i) 表示得到权限矩阵 uipm 第 i 行所对应的用户。算法的核心是函数 getActualPrivilege(mdsg, u, uip),它表示根据多域语义图 mdsg 从一个用户 u 的初始权限所表示的向量 uip 推理其实际权限,其基本流程如算法 2-2 所示。

算法 2-2：基于多域语义图的单用户实际权限计算

输入：当前网络空间多域配置对应的多域语义图 mdsg，用户 u 和他的初始权限向量 uiv
输出：用户实际权限向量 uav
1：p_fact＝uiv
2：while True：
3：begin
　　　　＃＃保存上一轮的用户权限
4：　　p_fact_last ＝ p_fact
　　　　＃＃逐一使用权限依赖规则对用户权限进行修改
5：　　for r　in　|mdsg. R|
6：　　begin
7：　　　p_fact ＝ changePrivilegeByRule(p_fact，r)
8：　　end
　　　　＃＃如果所有权限转换规则均不再更改用户权限
9：　　if (p_fact ＝＝ p_fact_last)
10：　begin
11：　　break
12：　end
13：end
14：uav ＝ p_fact
15：return uav

　　算法 2-2 的基本思想是：使用权限依赖规则逐一对用户初始权限进行更改，找到在当前用户权限下，根据这条权限依赖规则，用户能够获得的其他权限。通过分析权限转换规则可以发现，用户只能够获得新的权限，而不能失去已经拥有的权限；如果所有权限转换规则均不再更改用户权限，那么表示当前的用户权限已经是用户获得的所有权限，即实际权限。其中，涉及 1 个子函数 changePrivilegeByRule(p_fact，r)，表示的是在权限 p_fact 下，根据权限依赖规则 r 所能够获得的权限。在这个过程中，需要首先查找出在权限 p_fact 下，所有能够满足 r 前置条件的权限或权限集合；然后根据具体推理规则，推理出能够获得的权限，并将其加入 p_fact 中，最后形成实际权限向量 uav 返回。

2.3.3　优缺点分析

　　通过算法 2-1 和算法 2-2，对网络运维配置脆弱性分析框架进行了实现，能够利用预先生成的多域语义图和用户初始权限矩阵，计算得出用户实际权限矩阵，进而度量目标网络空间的运维配置脆弱性。这个方法的优点在于思路简单清晰、易于理解，但是缺点也很明显，即算法的效率极低，难以满足大规模网络运维配置脆弱性分析的需求。

　　影响算法效率的主要原因是，算法 2-2 中存在一个循环次数不定的循环，这是因为在用户实际权限计算过程中,需要循环地使用多条权限依赖规则进行计算,直至所有的权限依赖规则均不能使当前用户获得新的权限为止。由于不知道哪条权限依赖规则会使得用户获得新的权限,所以需要反复地使用所有权限依赖规则进行尝试。为了提高效率,使用权限依赖图来直接分析权限之间关系的想法被提出。

2.4 基于权限依赖图的运维配置脆弱性分析

为了降低由用户初始权限导出其实际权限的算法复杂度,本节提出了权限依赖图的概念。它不再直接描述网络空间内的各种实体和各种实体关系,而是描述在这些实体和实体关系下,用户权限之间的依赖关系。依托权限依赖图,对用户实际权限进行计算,能够有效降低算法的复杂度。

2.4.1 权限依赖图

权限依赖图也是一张有向图,它用来表示用户权限之间的依赖关系,是多域语义图的进一步简化,用于表示网络多域配置的核心安全特性。权限依赖图(privilege dependency graph,PDG)可以用四元组来表示:

$$PDG = (N', E', \pi', \sigma')$$

N' 是节点的集合。在权限依赖图中共有 3 类节点,分别是用户节点、权限节点和 AND 节点。用户节点表示某个用户,权限节点表示某个权限,而 AND 节点表示权限之间的"与"关系,可以看成一种用于辅助分析的权限。函数 $\pi': N' \times L'$ 为节点到节点类型的映射函数,其中 $L' = \{NPS, NPRI, NAND\}$ 是节点类型的集合,NPS、NPRI 和 NAND 分别表示节点类型为用户节点、权限节点和 AND 节点。

E' 是边的集合。所有的边均为有向边,表示权限之间的依赖关系。对于一条从节点 n_a 到节点 n_b 的边,如果节点 n_a 是用户节点,而节点 n_b 是权限节点,则表示用户 n_a 能够获得权限 n_b;如果节点 n_a 为权限节点或 AND 节点,n_b 为权限节点,则表示任何已获得权限 n_a 的用户将能够获得权限 n_b。对于指向同一节点 n_b 的多条边,如果节点 n_b 的类型是权限节点,则多条边之间的关系是"或"的关系,即满足任意一条边的条件,则用户就能获得权限 n_b;如果节点 n_b 的类型是 AND 节点,则多条边之间的关系是"与"的关系,即同时满足所有边的条件,用户才能够获得权限 n_b。

函数 $\sigma': N' \times \{0, 1\}$ 是对节点的赋值函数。对于所有的节点,均赋予一个整数值,这个值只能是 0 或者 1,代表其是否为当前分析的用户,或当前分析的用户是否拥有该权限。当某个节点的值为 0 时,代表该用户不是当前分析的用户(用户节点),或者当前分析的用户不拥有该权限(权限节点和 AND 节点);反之,当某个节点的值为 1 时,代表该用户是当前分析的用户(用户节点),或者当前分析的用户拥有该权限(权限节点和

AND 节点）。

图 2-2 给出了一个典型的权限依赖图,在该图中,共有 10 个节点,包括 P1、P2、P3、P4、P5、P6 等 6 个权限节点,Alice、Bob 等 2 个用户节点,以及 2 个 AND 节点。从该权限依赖图中可以发现,用户 Alice 能够获得权限 P5,任何能够获得权限 P1 的用户均能够获得权限 P2;同时能够获得权限 P2 和 P3 的用户可以获得权限 AND1。由于获取权限 AND1 的所有用户均可以获得权限 P4,则可以推出同时获得权限 P2 和 P3 的用户可以获得权限 P4。同理可知,用户 Bob 如果能够获得权限 P5,则可以获得权限 P6。

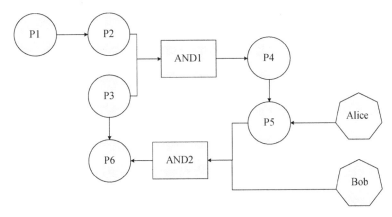

图 2-2　权限依赖图示例

多域语义图和权限依赖图二者之间具有十分紧密的关系,其相同点主要表现在二者均是对网络空间多域配置的某种表示,能够表示当前网络空间内配置的语义信息。利用多域语义图或权限依赖图,均能够通过用户初始权限计算用户实际权限,进而分析网络运维配置脆弱性。但是二者在结构和表示的信息上仍具有很多不同之处。多域语义图包括网络空间的实体、实体关系、安全防护规则和权限依赖规则等信息,实体和实体关系的多样性使得多域语义图能够表示的信息十分丰富,但比较繁杂;相较于多域语义图,权限依赖图表示更为核心的安全状态,即网络空间内用户权限的依赖关系。这种用户权限依赖关系是网络空间内所有配置综合作用的结果,也是网络空间配置能够影响网络安全状态的核心原因。

2.4.2　改进的网络运维配置脆弱性分析框架

在引入权限依赖图后,改进的网络运维配置脆弱性分析框架如图 2-3 所示。比较图 2-1 所示的原框架和改进后的框架可知,改进后的框架不再直接通过多域语义图来计算用户实际权限矩阵,而是首先由多域语义图构建权限依赖图,然后基于权限依赖图,通过用户初始权限矩阵来计算用户实际权限矩阵。

引入权限依赖图后,将引入两个过程,即如何由多域语义图构建权限依赖图,以及

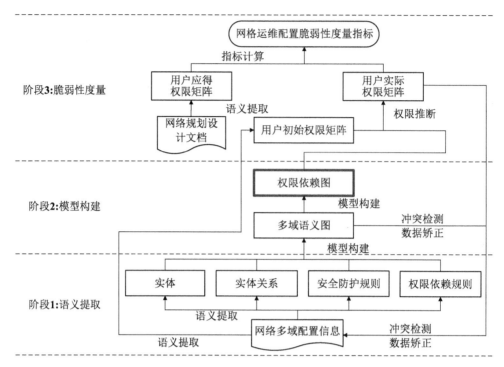

图 2-3 改进的网络运维配置脆弱性分析框架

如何通过权限依赖图来计算用户实际权限矩阵。前者将从纷繁复杂的网络多域配置信息中提取最为核心的部分,即用户权限之间的依赖关系;而后者将有效地降低用户实际权限矩阵的计算复杂度,缩短用户实际权限矩阵的计算时间。

2.4.3 权限依赖图构建

权限依赖图的构建过程主要关注的是,给定某一具体的多域语义图 mdsg,如何利用其所表达的信息,构建出与其相对应的权限依赖图 pdg。这个过程主要可以分为 3 步:首先需要构建一个空的权限依赖图,接着向权限依赖图中增加用户节点和权限节点,最后向权限依赖图中增加 AND 节点和边。

(1)构建一个空的权限依赖图

构建一个空的权限依赖图 pdg,该权限依赖图中不含有任何的节点和边。

(2)向权限依赖图 pdg 中增加用户节点和权限节点

对于多域语义图中 mdsg 的每一个节点 $n \in N$,如果它代表一个用户,即 $\pi(n) =$ NR,那么在权限依赖图 pdg 中增加一个相应的节点 n',节点 n' 的类型同样为用户节点,即 $\pi'(n')=$ NPS。类似地,对于多域语义图 mdsg 中的每一个权限 $v \in V$,在权限依赖图 pdg 中增加一个相应的节点 v',节点 v' 的类型同样为权限节点,即 $\pi'(v') =$ NPRI。

（3）向权限依赖图 pdg 中增加 AND 节点和边

向权限依赖图 pdg 中增加边的过程，实质上是对多域语义图 mdsg 中的每一条权限依赖关系 pdr∈ mdsg. R，逐一检查其对权限关系的影响。其主要可以分为 3 种情况：

a. 如果该条规则是针对所有用户的，且用户只需要获取一个权限，不需要其他额外的条件就可以获取其他权限时，那么就添加一条从用户需要预先拥有的权限节点到最终拥有的权限节点的边。对于标准权限依赖规则中的规则 2、规则 3、规则 4、规则 6、规则 7、规则 8、规则 11、规则 12、规则 13 和规则 14，均可以按照这个方法如此处理。比如说对于规则 2，如果在多域语义图 mdsg 中，有一条从设备节点 T_1 到空间节点 S_1 的边（代表设备 T_1 被放置在空间 S_1 中），则在对应的权限依赖图 pdg 中添加一条边，其起始点为代表 S_1 空间进入权的节点，终点为代表 T_1 设备使用权的节点。

b. 如果该条规则是针对特定用户的，或者用户需要满足额外的条件才能够由一个权限获取其他权限时，那么将首先添加一个类型为 AND 节点的节点 n_{and}，然后分别添加从初始权限节点和能够满足限制条件的节点（分析限制条件得出，该节点可能为代表特定用户的节点，也可能为代表特定权限的节点）到 n_{and} 的边，最后添加一条从节点 n_{and} 到实际权限节点的边。对于标准权限依赖规则中的规则 5，可以采取这个方式进行处理。例如，当在多域语义图 mdsg 中，有一条从服务节点 S_1 到信息节点 I_1 的边（表示服务 S_1 的密码为 I_1），在构建权限依赖图时，首先在权限依赖图中添加节点 n_{and}，然后分别添加从代表 S_1 服务可达权和 I_1 信息知晓权的节点到 n_{and} 的边，最后添加 n_{and} 到 S_1 服务支配权的边。

c. 如果在权限推理时，只需要满足多个限制条件中的一个，或者对于一个限制条件，有多个权限能够满足，那么可以将多个限制条件独立处理。例如，对于规则 1，如果有 2 个空间防护策略，即允许用户 u_1 持有 ID 卡 d_1，或者用户 u_2 持有 ID 卡 d_2，从空间 S_1 进入空间 S_2，可以对两条空间安全防护策略分别进行处理，即在权限依赖图中，分别添加两个 AND 节点 n'_{and1} 和 n'_{and2}，然后分别添加从表示用户 u_1、d_1 设备使用权、S_1 空间进入权的节点到节点 n'_{and1}，从表示用户 u_2、d_2 设备使用权、S_1 空间进入权的节点到节点 n'_{and2}，从节点 n'_{and1} 和 n'_{and2} 到表示 S_2 空间进入权的节点的边。对于标准权限依赖规则中的规则 1、规则 9、规则 10，按照这种方式处理。

2.4.4　基于权限依赖图的用户实际权限计算

基于权限依赖图的用户实际权限计算过程如算法 2-3 所示。其整体过程与基于多域语义图的算法类似，遵循算法 2-1 的整体框架；只是在计算单用户实际权限前需要根据多域语义图构建权限依赖图，并在计算单用户实际权限时不再使用多域语义图，而是使用权限依赖图。

算法 2-3：基于权限依赖图的用户实际权限计算

输入：用户初始权限矩阵 uipm，当前网络空间多域配置对应的多域语义图 mdsg

输出：用户实际权限矩阵 uapm

＃＃将用户初始权限矩阵 uipm 中的每一个元素初始化为 0

1：uipm＝$[0]_{U,P}$

＃＃通过多域语义图构建权限依赖图

2：pdg＝createPDG（mdsg）

＃＃对每一个用户逐一计算其实际权限

3：for i＝1 to U

4：begin

    ＃＃从矩阵 uipm 得到第 i 行，也就是第 i 个用户的权限

5：   uip ＝ getRowByNum（uipm，i）

    ＃＃得到矩阵 uipm 第 i 行所对应的用户

6：   u ＝ getUserByRowNum（uipm，i）

    ＃＃得到当前用户的实际权限

7：   uap ＝ getActualPrivilegeByPDG（pdg，u，uip）

    ＃＃ 将 uap 设置为 uapm 的第 i 行

8：   setRowByNum（uapm，uap，i）

9：end

10：return uapm

相比于算法 2-1，算法 2-3 仅仅有两个改变：一是增加了一个函数 createPDG（），表示基于多域语义图构建权限依赖图；二是在计算当前用户的实际权限时，传入的参数是权限依赖图 pdg，而不是多域语义图 mdsg。在算法 2-3 中，将改变后的用户实际权限计算函数重新命名为 getActualPrivilegeByPDG（），该函数的算法如算法 2-4 所示。

算法 2-4：基于权限依赖图的单用户实际权限计算

输入：当前网络空间多域配置对应的权限依赖图 pdg，用户 u 和他的初始权限向量 uiv

输出：用户实际权限向量 uav

  ＃＃根据被分析的用户 u 和他的初始权限向量 uiv，初始化权限依赖图 pdg

1： Init（pdg，u，uiv）

  ＃＃建立两个空的集合，nodeSet_0 和 nodeSet_1

2： nodeSet_0＝NULL

3： nodeSet_1＝NULL

  ＃＃循环无条件进行，只允许从 break 处跳出循环

4： while True：

5： begin

  ＃＃记录上一次循环后的 nodeSet_1 集合，将其存储在 nodeSet_1_last 中

6： nodeSet_1_last ＝ nodeSet_1

＃＃根据当前权限依赖图，分别将值为 0 和值为 1 的节点对应的权限加入集合 nodeSet_0 和 nodeSet_1

```
7：     nodeSet_0 = getNodeByValue（pdg，0）
8：     nodeSet_1 = getNodeByValue（pdg，1）
       ＃＃查找从集合 nodeSet_1 中的节点指向集合 nodeSet_0 中的节点的所有边
9：    edges = getEdgeByNode（nodeSet_1，nodeSet_0）
       ＃＃对每条边逐一进行分析
10：   for edge in edges
11：   begin
           ＃＃得到该边的终点
12：       nodeDest = getDestNode（edge）
       ＃＃如果该边的终点不是 AND 节点，或者是 AND 节点，且所有指向它的边的起点的值均为 1
13：       if（getNodekind（nodeDest）！＝NAND || allPrevNodes（pdg，nodeDest）
           in nodeSet_1）
14：       begin
           ＃＃将该终点从集合 nodeSet_0 中删除，添加到集合 nodeSet_1 中
15：          deleteFromSet（nodeSet_0，nodeDest）
16：          addToSet（nodeSet_1，nodeDest）
17：       end
18：   end
       ＃＃如果经过本轮循环后，集合 nodeSet_1 无变化，则结束循环
19：   if（nodeSet_1_last == nodeSet_1）
20：   begin
21：      break
22：   end
23：end
＃＃从权限依赖图中建立用户实际权限向量 uav
24：uav = CreatPrivilegeVector（pdg）
25：return uav
```

算法 2-4 的输入为当前网络空间多域配置对应的权限依赖图 pdg，当前用户 u 和他的初始权限向量 uiv，其输出为用户实际权限向量 uav。其主要的流程如下：

首先，在函数 Init（pdg，u，uiv）中，根据被分析的用户 u 和他的初始权限向量 uiv 初始化权限依赖图 pdg。在这个过程中，所有的 AND 节点的值被设置为 0；除了代表当前分析的用户的节点的值被设置为 1，其余用户节点的值均被设置为 0；所有的权限节点的值根据 uiv 来设置，如果在 uiv 中，被分析的用户拥有某个权限，那么代表这个权限节点的值被设置为 1，否则，这个权限节点的值被设置为 0。初始化完成后，权限依赖图中的所有节点被分为两类，即值为 0 的节点和值为 1 的节点，分别被命名为 nodeSet_0 和 nodeSet_1。

然后，逐一分析所有从集合 nodeSet_1 里的节点指向集合 nodeSet_0 里的节点的边。如果该边的终点的类型不是 AND 节点，则将该终点从集合 nodeSet_0 中删除，添加到集合 nodeSet_1 中，并将其值改为 1；如果该边的终点的类型是 AND 节点，则对所有到达该终点的边进行逐一分析。如果所有的边的起点的值均为 1，那么将该终点的值

改为 1,并将其从集合 nodeSet_1 中删除,添加至集合 nodeSet_0 中。所有的边均被分析过后,对于重新形成的集合 nodeSet_0 和 nodeSet_1,重新查找所有从集合 nodeSet_1 中的节点指向集合 nodeSet_0 中的节点的边,如此往复,直至两个集合和跨集合的边均不再变化。

最后,在函数 CreatPrivilegeVector(pdg)中,根据权限依赖图 pdg 得到当前用户实际权限向量 uav。在这个过程中,如果权限依赖图中某个权限节点的值为 1,则在 uav 中将该节点对应的权限设置为 1;反之,如果权限依赖图中某个权限节点的值为 0,则在 uav 中将该节点对应的权限设置为 0。对所有的权限节点分析完毕后,最终得到当前用户实际权限向量 uav。

2.4.5 多域渗透路径发现

在网络运维配置脆弱性分析的过程中,不仅需要定量地评估目标网络中运维配置脆弱性的强弱,而且还需要发现针对具体的运维脆弱性可能出现的多域渗透路径。与传统的网络渗透路径不同,这个渗透路径中一般会同时拥有物理域、网络域、信息域等多个域的动作。也就是说,攻击者可以通过在多个域中的动作的联合作用,达到入侵网络的根本目的。

实际上,在使用权限依赖图进行网络运维配置脆弱性的发现过程中,已经包含了多域渗透路径的发现。分析算法 2-4 可知,在用户实际权限计算过程中,权限依赖图中的权限节点对应的值不断从 0 变成 1,当发现代表目标权限的节点对应的值变为 1,即停止相应的搜索。此时,可以使用节点路径搜索办法,逆向发现目标权限节点到初始权限节点的路径,即完成多域渗透路径的发现。其算法如图 2-4 所示:

从图 2-4 可以看出,多域渗透路径的核心是搜索从初始权限节点到目标权限节点的有向路径。在这个提升路径中,所有节点(包括 AND 节点)的值均为 1。这个搜索算法可以使用深度优先搜索算法,也可以使用广度优先搜索算法。整个算法的流程如下:

(1) 在算法开始时,构建一个目标权限节点集合,仅包含 1 个目标权限节点。仿照算法 3-2 来搜索目标权限节点,在搜索的每一步均对获取到的权限进行判断。如果是目标权限节点,则停止搜索,进入路径发现阶段;如果获得了用户所有权限,仍然没有发现目标,那么输出"攻击路径不存在",然后结束。

(2) 通过深度或广度优先搜索算法,搜索一条从初始权限节点到目标权限节点的路径,将该路径加入输出路径集合,并将该目标权限节点从目标权限节点集合中删除。

(3) 对该权限提升路径上的所有节点进行判断,如果存在 AND 节点,则需要将到达该 AND 节点的所有前驱节点均加入目标权限集合。

(4) 重复步骤(2)(3),直至目标权限集合为空。

(5) 输出路径集合中的所有路径即攻击者多域渗透路径,然后结束。

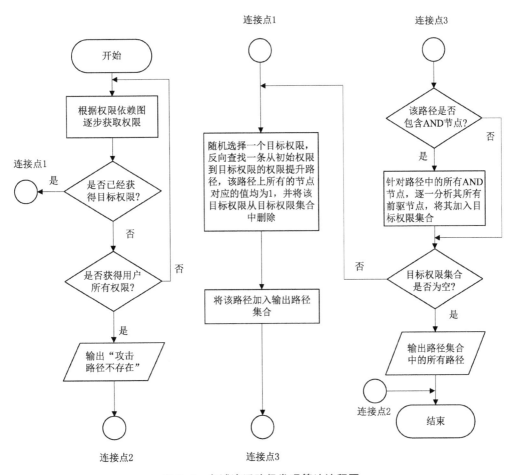

图 2-4　多域渗透路径发现算法流程图

2.4.6　复杂性分析

本节将分析基于权限依赖图的用户实际权限矩阵计算的复杂度,在这个过程中,使用在多域语义图中定义的相关符号。U 是在用户实际权限矩阵计算中涉及的所有用户的数量,N 是除了用户实体外其他所有实体的数量,P 是所有权限的数量,G 是多域语义图中的所有边的数量,G' 是对应的权限依赖图中的边的数量,L 是所有权限依赖链长度的最大值(也就是从初始权限开始,获取到最终权限的循环次数)。

根据权限类型的定义,有:$P = |N_p| + 2 \times |N_o| + 2 \times |N_n| + 2 \times |N_v| + |N_f| + |N_i| \approx N$;同样,根据多域语义图和权限依赖图的定义,有:$U = |N_r|$,$G' \approx O((P + U)^2)$。可以发现,算法 2-4 的外层循环最多循环 L 次,而其内层循环最多循环 G' 次,所以算法 2-4 的时间复杂度为 $O(L(N+U)^2)$,因此,算法 2-3 的时间复杂度为 $O(UL(N+U)^2)$。根据复杂网络的小世界特性,L 一般是一个较小的值,所以用户实际权限矩阵计算的复杂度为 $O(UL(N+U)^2) \approx O(U^3 + 2U^2N + UN^2)$。这意味着,对于一个

小规模的网络,或者在一个用户数量随着网络规模呈线性增长的网络内,用户实际权限矩阵计算的复杂度大约为 $O(U^3)$;而对于一个用户数量较少的大型网络,用户实际权限矩阵计算的复杂度大约为 $O(N^2)$。

2.5 大规模网络的运维配置脆弱性分析

在上节中,通过引入权限依赖图,可以将目标网络空间中的各类基础信息转化为用户权限之间的有序关系进行描述,达到有效缩短用户实际权限推理时间的目的。但是网络中用户权限数量(也就是权限依赖图中节点的数量)会随着网络空间规模的不断扩大而呈线性增加,而算法复杂度会呈多项式增长,因此,可以通过对权限依赖图进行缩减的方式,构建一个规模更小但与原权限依赖图语义表达效果相同的权限依赖图,用于用户实际权限推理过程,从而实现对大规模网络中用户实际权限推理效率的有效提升[31]。

2.5.1 用户实际权限推理

用户实际权限推理的基本流程如图 2-5 所示。用户的实际权限实际上是根据权限依赖规则和权限依赖图,由用户的初始权限推理而来的。

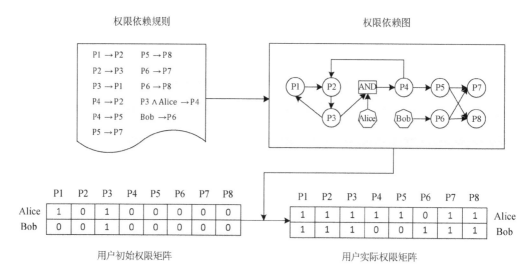

图 2-5　用户实际权限推理的基本流程

根据前面的章节可以知道,用户权限可以表示为矩阵,其中的行表示用户,列表示用户权限。矩阵的取值为 0 或 1,其中 0 表示用户不拥有该权限,1 表示用户拥有该权限。用户实际权限推理流程涉及两个用户权限矩阵,分别为用户初始权限矩阵和用户实际权限矩阵。前者表示用户拥有的初始权限,由网络管理员显式授予;后者是指用户可以获得的实际权限,包括网络管理员显式授予的权限和用户自己获得的权限。

如何获得额外用户特权的规则被表示为权限依赖规则,这些规则由一阶逻辑表示。例如,P1→P2 意味着所有拥有权限 P1 的人都将获得权限 P2。P3∧Alice→P4 表示用户 Alice 如果拥有权限 P3,那么将获得权限 P4,而权限依赖图则是所有权限依赖规则的一种集中表示手段。

使用权限依赖图,可以依据用户的初始权限向量推断出用户的实际权限向量,其基本流程如图 2-6 所示。首先,根据用户初始权限向量,逐一设置权限依赖图中所有节点的值。对于用户节点,如果其代表的是当前分析的用户,那么该节点的值将被设置为 1,否则将被设置为 0。对于权限节点,如果对于当前用户来说,其用户初始权限中已经包含该节点所对应的权限,那么该权限节点的值将被设置为 1,否则将被设置为 0。对于 AND 节点,所有节点的值均被设置为 0。在接下来的过程中,将使用一个迭代过程来循环地更新每个节点的值。节点值的更新规则为:对于用户节点或权限节点,如果它的值为 0,并且它的任何前驱节点的值为 1,它的值将被设置为 1;对于一个 AND 节点,如果它的值为 0,并且它的所有前驱节点的值均为 1,那么它的值将被设置为 1。这个过程可以重复多次,因为一个节点的值的变化将导致许多其他节点的值的变化。最后,当所有节点的值均不再变化时,使用权限节点的值形成当前用户的实际权限向量。如果某个权限节点的值为 1,则用户实际权限向量中对应分量的值则为 1,否则为 0。

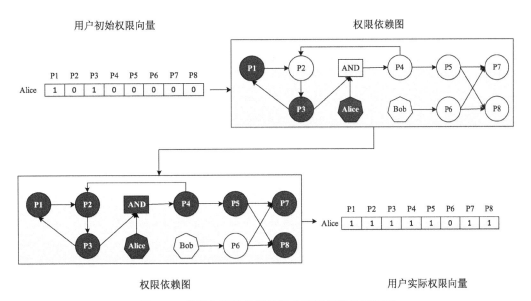

图 2-6　基于权限依赖图的用户实际权限推理流程

根据图 2-6 所示的流程可以发现,用户实际权限推理的核心是迭代地改变节点的值,这是非常耗时的。根据 2.4.6 节的复杂性分析可知,该方法的时间复杂度为 $O(n^2)$。显然,这种方法很难应用到大规模的网络中,为此,需要对其进行进一步的改进。

2.5.2 基于权限依赖图缩减的用户实际权限推理框架

基于权限依赖图缩减的网络用户实际权限快速推理框架如图 2-7 所示。它的核心思想是结合用户初始权限矩阵信息,对根据网络基本信息生成的权限依赖图进行缩减,然后通过缩减后的权限依赖图进行用户实际权限的推理,其整体流程分为基本信息建模、权限依赖图缩减和用户实际权限计算三个阶段。

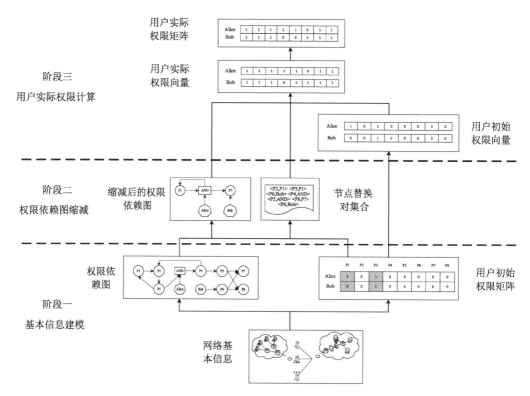

图 2-7 基于权限依赖图缩减的网络用户实际权限快速推理框架

- 在基本信息建模阶段,主要是对网络基本信息进行建模,此时需要对网络实体和实体关系等基本信息进行提取,进而建立相应的多域语义图和用户初始权限矩阵,接着生成相应的权限依赖图。相关方法在 2.2 节、2.3 节和 2.4 节均有介绍,在此不再赘述。

- 在权限依赖图缩减阶段,主要是通过各种方法,找到权限依赖图中可以被合并的节点,算法的输入为原始的权限依赖图和用户初始权限矩阵,输出为缩减后的权限依赖图,以及对应的节点替换对集合。

- 在用户实际权限计算阶段,主要是将用户初始权限矩阵按行分为多个用户的初始权限向量,然后基于每一个用户初始权限向量来对当前缩减后的权限依赖图的节点值进行初始化,接着利用缩减后的权限依赖图推理用户实际权限向量,将

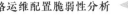

其合并形成用户实际权限矩阵。

2.5.3 节点合并场景

通过上节可以看出,基于权限依赖图缩减的用户实际权限推理框架的核心思想是缩减原始的权限依赖图,以加速用户实际权限的推理。那么,该如何缩减原有的权限依赖图呢?

根据图 2-3 所示的改进的网络运维配置脆弱性分析框架可以发现,权限依赖图的主要作用是依据用户初始权限向量推导出用户实际权限向量。如果有两个权限依赖图,对于所有的用户初始权限向量,均能够推导出相同的用户实际权限向量,那么这两个权限依赖图就是等价的。根据这个原则有以下三种可能的场景,可以在不改变权限推理结果的情况下合并节点,达到缩减权限依赖图的目的。

(1) 合并同在一个强连通子图中的节点

第一种场景是合并同在一个强连通子图中的节点,具体地,在删除当前权限依赖图中所有 AND 节点后,查找该权限依赖图中所有的强连通子图,接着就可以将每一个强连通子图中的节点合并为一个节点。换句话说,就是在所有的强连通子图中均保留任意一个节点,并删除该强连通子图中的所有其他节点。最后,对于被删除的节点,来自或指向这些节点的边都可以被替换为来自或指向保留节点的边。

在同一个强连通子图中的节点能够被合并为一个节点,其原因在于,权限依赖图是一个有向图,图中的边表示依赖关系,如果一个用户能够获得强连通子图中的一个任意节点所对应的权限,那么它将能够获得该强连通子图中所有节点对应的权限。换句话说,一个用户,只能同时获得一个强连通子图中所有节点对应的权限,或者同时不获得该强连通子图中任意节点对应的权限,而不存在第三种状态。当然,在这个过程中需要首先排除 AND 节点的影响。因为获得 AND 节点的某个前驱节点所对应的用户权限,并不能直接获取 AND 节点的后继节点所对应的用户权限,而是需要获得 AND 节点的所有前驱节点对应的用户权限后,才能够获取 AND 节点的后继节点所对应的用户权限。

为了能够保证用户实际权限计算的正常实施,在合并节点时,还应该对节点替换情况进行记录,其基本方法是建立一个节点替换对的集合 S,集合 S 由一系列节点替换对组成,如 $\langle v1, v2 \rangle \in S$ 代表节点 $v1$ 被节点 $v2$ 替换。需要注意的是,在集合 S 中,可以同时存在节点替换对 $\langle v1, v2 \rangle$ 和 $\langle v3, v2 \rangle$,表示节点 $v1$、节点 $v3$ 都被节点 $v2$ 替换;同时在集合 S 中,也可以同时存在节点替换对 $\langle v1, v2 \rangle$ 和 $\langle v2, v3 \rangle$,表示节点 $v1$ 被节点 $v2$ 替换,而节点 $v2$ 又被节点 $v3$ 替换。

例如,对于图 2-6 中所示的权限依赖图,可以发现示例权限依赖图中的节点 P1、P2、P3 构成了一个强连通子图,也就意味着它们可以合并。如果选择保留节点 P1,删除节点 P2 和 P3,如图 2-8(a) 所示,则可以将节点 P4 指向节点 P2、节点 P3 指向节点

AND 的边,更改为节点 P4 指向节点 P1、节点 P1 指向节点 AND 的边,节点合并后的权限依赖图如图 2-8(b)所示。同时,在这个过程中,可以将节点替换对〈P3,P1〉和〈P2,P1〉加入节点替换对集合 S 中。

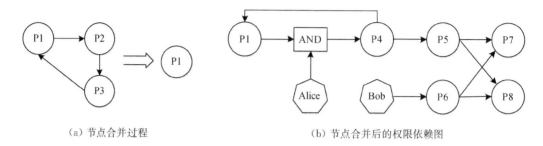

（a）节点合并过程 （b）节点合并后的权限依赖图

图 2-8　合并同在一个强连通子图中的节点

（2）合并入度为 1 的节点

第二种场景是合并入度为 1 的节点,即如果一个节点的入度为 1,且它对应的权限不是任何用户的初始权限,则它可以与其前驱节点合并。由于该节点的入度为 1,所以该节点只有一个前驱节点。因为该节点不是任何用户的初始权限,所以只有当它的前驱节点的值为 1 时,该节点的值才可能为 1。所以在任何情况下,该节点和它的前驱节点的值是一致的。因此,该节点可以与它的前驱节点合并。

例如,对于图 2-6 中所示的权限依赖图,可以发现示例权限依赖图中的节点 P5 只有一个前驱节点 P4,也就意味着它们可以合并。如果选择保留节点 P4,删除节点 P5,如图 2-9(a)所示,则可以将节点 P5 指向节点 P7、P8 的边,更改为节点 P4 指向节点 P7、P8 的边,节点合并后的权限依赖图如图 2-9(b)所示。同时,在这个过程中,可以将节点替换对〈P5,P4〉加入节点替换对集合 S 中。

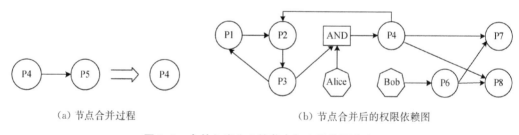

（a）节点合并过程 （b）节点合并后的权限依赖图

图 2-9　合并入度为 1 的节点与它的前驱节点

（3）合并前驱节点相同的节点

第三种场景是合并前驱节点相同的节点,即如果两个节点具有相同的前驱节点,且它们对应的权限都不是任何用户的初始权限,那么两个节点可以合并。这是因为,当两个节点对应的权限都不是任何用户的初始权限时,它们的初始值一定是 0,只有当它们的一个或多个前驱节点的值为 1 时,这两个节点的值才会同时变为 1,所以这两个节点可以合并。

例如,对于图 2-6 中所示的权限依赖图,可以发现示例权限依赖图中的节点 P7 和 P8 具有相同的前驱节点 P5 和 P6,而且它们均不是任何用户的初始权限,那么节点 P7 和 P8 可以被合并。如果选择保留节点 P7,删除节点 P8,如图 2-10(a)所示,那么节点 合并后的权限依赖图将如图 2-10(b)所示。同时,在这个过程中,可以将节点替换〈P8, P7〉加入节点替换对集合 S 中。

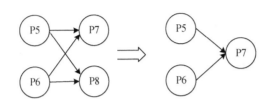

（a）节点合并过程

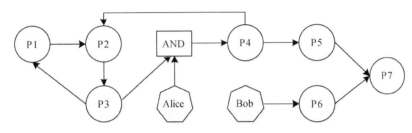

（b）节点合并后的权限依赖图

图 2-10　合并前驱节点相同的节点

2.5.4　节点合并方法

基于在前一节讨论的三种权限依赖图缩减场景,本节提出一种权限依赖图缩减方法,其核心思想是按照合理的顺序循环查找符合三种场景的节点,并对其进行合并。在这个过程中,查找并合并符合三种场景的节点成为算法的关键。

最简单也是最直观的方法如算法 2-5 所示,它依次循环执行所有可能的方法,直到达到固定的执行轮次或者权限依赖图的大小不再改变为止。算法的输入包括原始的权限依赖图 pg_o,初始权限集合 p 和最大执行轮次 r。输出是缩减后的权限依赖图 pg_r,以及生成的节点替换对集合 ns_r(表示不同节点之间的替换关系)。

算法 2-5：权限依赖图缩减算法

输入：原始权限依赖图 pg_o,初始权限集合 p,最大执行轮次 r
输出：缩减后的权限依赖图 PDG,生成的节点替换对集合 ns_r

1：ns_r=∅
2：pg_temp ＝ pg_o
3：for i＝1 to r:
4：　　pg_temp, ns_r = MergeVertexBySCC(pg_temp, p, ns_r)

```
5:     pg_temp, ns_r = MergeVertexByInDgree(pg_temp, p, ns_r)
6:     pg_temp, ns_r = MergeVertexByPred (pg_temp, p, ns_r)
7: end for
8: return pg_r, ns_r
```

在算法 2-5 中,依次对满足三种场景的节点进行查找,进而进行合并。首先,在删除所有 AND 节点后合并强连通子图;然后,将入度为 1 的非初始权限节点与它们的前驱节点合并;最后,合并具有相同前驱节点的节点。这个过程可以重复 1 次或多次,这是由 r 控制的。如果 r=1,则表示所有情况只处理 1 次。此时,也许会有新的强连通子图、具有相同祖先节点的新节点或入度为 1 的节点,但是较大的 r 可能会导致权限依赖图缩减所花费时间较长。

算法 2-5 涉及三个子函数,分别为 MergeVertexBySCC、MergeVertexByInDgree 和 MergeVertexByPred,其基本功能分别是针对三种场景,查找符合条件的节点并进行合并。

需要注意的是,算法 2-5 并不是权限依赖图缩减的唯一方法。实际上,根据 2.6 节的实验结果,在实际应用中可以采取两种不同于算法 2-5 的权限依赖图缩减方法。一种方法是首先将 MergeVertexBySCC、MergeVertexByInDgree、MergeVertexByPred 等三个子函数执行一遍,然后执行一遍子函数 MergeVertexByInDgree;另一种方法是只执行子函数 MergeVertexBySCC 和 MergeVertexByInDgree。这两种方法在权限依赖图缩减的规模和时间耗费上可以取得更好的平衡。下面将对三个子函数进行详细介绍。

（1）函数 MergeVertexBySCC

函数 MergeVertexBySCC 的实现如算法 2-6 所示。输入包括当前权限依赖图 pg、初始权限集合 p 和已有的节点替换对集合 vr。函数执行后,pg 和 vr 将被修改并返回。

算法 2-6：合并处于同一强连通子图中的节点

输入：当前权限依赖图 pg,初始权限集合 p,已有的替换节点对集合 vr
输出：缩减后的权限依赖图 pg 和更新后的节点替换对集合 vr

```
1:     pg_temp = pg
2:     deleteAllNANDVertices(pg_temp)
3:     scpgs = getAllStrongConnectCompent(pg_temp)
4:     for s in scpgs:
5:         v_reserved=getRandomVertexInGraph(s,p)
6:         for n in s. vertices:
7:             if(n! = v_reserved)
8:                 edges_temp = getEdgesFromVertex(pg, n)
9:                 pg_fr = changeStartVertex(pg, edges, v_reserved)
10:                edges_temp = getEdgesToVertex(pg, n)
```

11：　　　　　pg_fr = changeEndVertex(pg, edges, v_reserved)

12：　　　　　addToSet(vr, ⟨n, v_reserved⟩)

13：　　　　　deleteVertex(pg，n)

14：　　　end if

15：　end for

16：end for

17：return pg，vr

在算法 2-6 中,首先保留原始图 pg 的一个副本 pg_temp,用于查找强连通子图,然后删除图 pg_temp 中的所有 AND 节点。接下来,使用 Tarjan 算法在线性时间内查找出 pg_temp 图中的所有强连通子图[32],标记为集合 scpgs。针对任意的强连通子图 s,使用函数 getRandomVertexInGraph 确定随机保留的节点 v_reserved,并分别查找起始点为被删除节点的边,并将其起点或终点更改为保留的节点 v_reserved。对于每个被删除的节点 n,元组⟨n, v_reserved⟩将被添加到现有的节点替换对集合 vr 中。在所有强连通子图均完成上述步骤后,将缩减后的权限依赖图 pg 和修改后的节点替换对集合 vr 返回。

（2）函数 MergeVertexByInDgree

函数 MergeVertexByInDgree 的实现如算法 2-7 所示。与算法 2-6 类似,算法 2-7 的输入同样包括当前权限依赖图 pg、初始权限集合 p 和已有的节点替换对集合 vr,输出同样为缩减后的权限依赖图 pg 和更新后的节点替换对集合 vr。

算法 2-7：合并入度为 1 的节点

输入：当前权限依赖图 pg,初始权限集合 p,已有的节点替换对集合 vr

输出：缩减后的权限依赖图 pg 和更新后的节点替换对集合 vr

1：　v_set＝VerticesWithInDgree1(pg,p)

2：　for n in v_set：

3：　　　v_p＝getPredecessor（n）

4：　　　v_ss＝getSuccessor（n）

5：　　　for v in v_ss：

6：　　　　addEdge(pg, v_p, v)

7：　　　end for

8：　　　addToSet(vr, ⟨n, v_p⟩)

9：　　　deleteVertex(pg，n)

10：　end for

11：end for

12：return pg，vr

在算法 2-7 中,首先从当前权限依赖图中选择所有入度为 1 的节点加入集合 v_set。在这个过程中,如果某个节点对应的用户权限在初始权限集合 p 中,那么它将不会被添加到集合 v_set 中。接下来,对于 v_set 中的每个节点 n,找到它的前驱节点 v_p

和所有可能的后继节点集合 v_ss,然后对集合 v_ss 中任意节点 v,添加一条从节点 v_p 到节点 v 的边。在集合 v_ss 中的所有节点均被处理后,从权限依赖图 pg 中删除节点 n,并将二元组⟨n,v_p⟩添加到集合 vr 中。在集合 v_set 中所有节点均完成上述处理后,函数返回缩减后的权限依赖图 pg 和更新后的节点替换对集合 vr。

（3）函数 MergeVertexByPred

函数 MergeVertexByPred 的处理过程如算法 2-8 所示。算法 2-8 的输入除了当前权限依赖图 pg、初始权限集合 p 和已有的节点替换对集合 vr 外,还包括一个节点入度阈值 t,用于控制待比较的节点数量,其输出与算法 2-6、算法 2-7 相同。

算法 2-8：合并具有相同前序节点的节点

输入：当前权限依赖图 pg,初始权限集合 p,已有的节点替换对集合 vr,节点入度阈值 t
输出：缩减后的权限依赖图 pg 和更新后的节点替换对集合 vr

```
1：    v_sets=splitVerticesByInDgree(pg)
2：    for v_set in v_sets：
3：        if(inDgree(v_set)<t)
4：            continue
5：        end if
6：        v_set = v_set − p
7：        for reserved_vertex in v_set
8：            for merged_vertex in v_set
9：                if(frontVertices(reserved_vertex)== frontVertices(merged_vertex))
10：                    after_vertices=afterVertices(merged_vertex)
11：                    for an in after_vertices：
12：                        addEdge(pg, reserved_vertex, an)
13：                    end for
14：                    deleteVertex(pg,merged_vertex)
15：                    addToSet(vr,⟨ merged_vertex, reserved_vertex ⟩)
16：                    v_set = v_set −merged_vertex
17：                end if
18：            end for
19：        end for
20：    end for
21：    return pg, vr
```

在算法 2-8 中,首先针对当前权限依赖图 pg 中的所有节点,查找入度大于或等于 t 的所有节点,并按照入度对其进行分类,形成若干个集合,这些集合构成另外一个集合 v_sets。接下来,对于 v_sets 中的每个集合 v_set,排除其中代表用户权限的节点后,两两比较它们的前序节点。如果 reserved_vertex 和 merged_vertex 两个节点的所有前序节点相同,那么它们将被合并。对于被删除的节点 merged_vertex,其任意的后续节点

an,都会增加一条从 reserved_vertex 出发到 an 的边。节点 merged_vertex 的所有后继节点处理完毕后,将删除节点 merged_vertex,且将二元组⟨merged_vertex,reserved_vertex⟩加入节点替换对集合 vr。

因为检查两个节点是否具有相同的前序节点的过程比较费时,所以为了避免权限依赖图缩减花费太长的时间,引入了阈值 t。如果某个节点的入度小于 t,那么它将被忽略而不被合并,这意味着入度较大的节点倾向于被合并。在实际使用过程中,t 的值通常被设置为 3。

2.5.5　用户实际权限快速推理

在完成节点合并和权限依赖图缩减后,本节讨论如何利用缩减后的权限依赖图来进行用户实际权限快速推理。基于缩减后的权限依赖图进行用户实际权限推理,其流程与基于原始权限依赖图进行推理的过程基本相同。差异点主要在于,缩减前的权限依赖图中的节点与用户权限是一一对应的,而缩减之后的权限依赖图的节点数量要小于用户权限,那么在推理的过程中,就要解决如何利用用户初始权限对缩减后的权限依赖图的各个节点进行赋值,以及如何利用推理之后的节点值生成用户实际权限向量两个关键问题。为此,对算法 2-3 所示的基于权限依赖图的用户实际权限计算过程进行改进,以适应缩减后的权限依赖图。

用户实际权限推理的主要过程与算法 2-3 所示的过程类似。首先,从用户初始权限矩阵中得到多个用户初始权限向量;接下来,针对每个用户的初始权限向量,推导出相应的用户实际权限向量。最后,根据这些用户实际权限向量创建用户实际权限矩阵。

用户实际权限推理的过程与原始算法存在一些差异。首先,在节点值初始阶段,节点值不仅由用户初始权限向量确定,也由节点替换对同时确定。在对某个用户实际权限进行推理时,如果某个节点所对应的用户权限或者任何它合并了的节点所对应的用户权限都是该用户的初始权限,则将该节点的值初始化为 1,否则初始化为 0。然后,在初始化所有节点值之后,使用相同的迭代过程来推断节点的最终值,推理过程与算法 2-3 所示过程相同。最后,在所有节点的值不再变化之后,由节点当前值形成当前用户的实际权限向量。此时,如果某个用户权限所对应的节点未被合并,则其值为所对应节点的值;如果某个用户权限所对应的节点被合并,则其值由合并该节点的节点所决定。

例如,对于图 2-5 中所示的权限依赖图,用户 Bob 的实际权限推理过程如图 2-11 所示,首先,根据算法 2-5,对原始权限依赖图进行缩减,得到对应的缩减后权限依赖图和替换节点对集合。可以看出,此时节点 P2、P3 被节点 P1 替代,节点 P4、P5 被节点 AND 替代,节点 P8 被节点 P7 替代,节点 P6 被节点 Bob 替代。之后,使用 Bob 用户初始权限向量对缩减后的权限依赖图各个节点的值进行初始化,由于是对 Bob 用户权限进行推理,而且用户初始权限向量中只有 P3 的值为 1,那么初始化时,将节点 P1 和节点 Bob 的值设置为 1。接下来,对权限依赖图的值进行推理,由于节点 P7 依赖于节点 Bob,所以节点 P7 的值将被设置为 1。最后,根据权限依赖图中各个节点值形成 Bob 此时的用户实际权限向量。此时虽然只有 Bob、P1 和 P7 三个节点的值为 1,但是由于 P1 替换了 P2、P3,P7 替换了 P8,所以 Bob 用户实际权限向量为(1,1,1,0,0,1,1,1)。

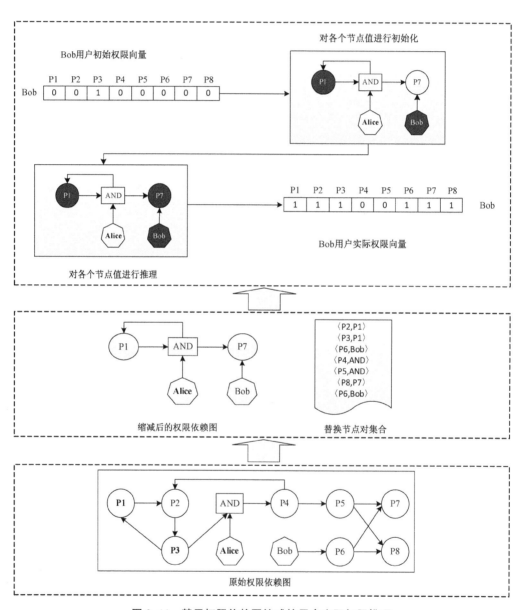

图 2-11　基于权限依赖图缩减的用户实际权限推理

2.6　实验验证

2.6.1　实验环境构建

为了验证网络运维配置脆弱性分析的必要性和所提方法的有效性,构建了一个典型的网络空间模拟实验环境,对其实体和实体关系信息进行了提取。该网络空间环境是一个常见的企业网络架构。在对其进行模拟时,不仅模拟了网络设备、网络设备连接和网络服务,还模拟了与其相关的物理环境、数字文件和数字信息,以及网络管理员和网络用户。在该环境中,共包含 20 台设备,其中包括 1 台路由器、1 台防火墙、1 台入侵防御系统,3 台交换机(交换机 1、交换机 2、交换机 3),6 台服务器(Web 服务器、数据库服务器、FTP 服务器、门禁服务器、办公系统服务器和内部 Web 服务器),3 台门禁系统前端机(门禁机 1、门禁机 2、门禁机 3),以及 5 台终端(终端 1、终端 2、终端 3、终端 4、终端 5)。各个设备之间的物理连接如图 2-12 所示。

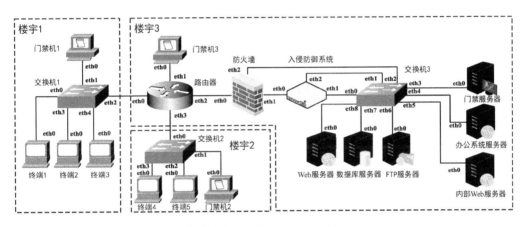

图 2-12　实验网络结构示意图

所有的设备分布在 3 栋楼宇的 8 个房间之内。终端 1、终端 2 和终端 3 被部署在楼宇 1 内的房间 1-1,交换机 1 被部署在楼宇 1 内的房间 1-2(设备间),门禁机 1 被部署在楼宇 1 内的房间 1-3(大厅)。终端 4 和终端 5 被部署在楼宇 2 内的房间 2-1,交换机 2 被部署在楼宇 2 内的房间 2-2(设备间),门禁机 2 被部署在楼宇 2 内的房间 2-3(大厅)。路由器、防火墙、入侵防御系统、交换机 3 和所有服务器都被部署在楼宇 3 内的房间 3-1(机房),门禁机 3 被部署在楼宇 3 内的房间 3-2(大厅)。

网络中共有 30 个网络服务,其中包括 10 个业务服务和 20 个管理服务。在业务服务中,Web 服务器和内部 Web 服务器分别在 80 端口提供 Web 服务;办公系统服务器在 80 端口提供文件流转服务,它分别给不同的用户指定不同的用户名、密码,并分配不同的权限,由于不同用户使用办公系统处理的业务不一致,可以认为不同的用户登录的是独立的文件流转服务;FTP(文件传输协议)服务器在 21 端口提供 FTP 服务,该 FTP 服务被所有网络管理员共享,用于分享网络管理信息;数据库服务器在 1433 端口提供数据库服务,该数据库服务被 Web 服务器和办公系统服务器使用,作为存储数据的底层支撑;门禁服务器在 8080 端口提供认证服务,用于判断用户是否能够通过门禁机。除了业务服务外,所有的设备均提供 1 个管理服务,其中所有的服务器和终端均在 3389 端口提供远程桌面服务,路由器和交换机在 22 端口提供 SSH 服务,防火墙和入侵防御系统在 80 端口提供基于 Web 的管理服务。

网络空间共涉及 7 个数字文件和 44 条数字信息。7 个数字文件包括 FTP 服务器上的网络管理信息文件、数据库服务器上的数据库文件、门禁服务器上的认证信息文件、内部 Web 服务器上的信息存储文件,以及 Web 服务器、办公系统服务器、内部 Web 服务器上的配置文件。44 条数字信息包括不同网络服务上的管理密码、门禁系统上使用的用户认证信息、办公系统上存储的用户机密信息、加密后的用户机密信息,以及加密密钥等信息。

网络运维脆弱性分析主要涉及 5 个用户,分别命名为 Alice、Bob、Charles、David 和 Eric。在网络规划设计上,首先为每个人分配一台终端,Alice、Bob、Charles、David 和 Eric 分别对应终端 1、终端 2、终端 3、终端 4 和终端 5,所有用户均可以使用自己的终端访问 Web 服务器提供的 Web 服务、办公系统服务器提供的文件流转服务来获得必要的信息。除此之外,因为业务需求,Bob 和 Charles 可以登录内部 Web 服务器来交换业务信息;Charles 负责管理内部 Web 服务器,能够通过终端 3 远程访问内部 Web 服务器的远程桌面服务;David 是网络管理员,能够使用终端 4 远程管理所有的交换机、路由器和服务器;Eric 作为安全管理员,能够使用终端 5 远程管理所有的安全设备和门禁设备。

2.6.2 实验过程和结果

为了评估本章所提算法的正确性和有效性,作者基于 Python 3.7 和 PyQt 界面库开发了网络运维脆弱性分析工具,对本书各章内容进行验证[①]。

(1) 网络空间信息提取和脆弱性分析

本章构建的第一个实验的基本目的是对网络空间模拟环境进行信息提取,进而进行网络运维脆弱性分析,从而验证网络运维脆弱性分析的必要性。其实验过程和结果如下:

首先,通过提取图 2-12 所示网络空间的多域配置语义信息,可以得到 160 个实体、382 条关系和 41 条安全防护策略。所有实体信息如表 2-6 所示,因篇幅限制,其余信息省略。

---

① 如果需要相关工具,可以与作者联系。

表 2-6　模拟网络实体表

序号	实体名称	实体类型	实体含义
1	corp	空间实体	整个公司空间
2	Building1	空间实体	楼宇 1
3	Building2	空间实体	楼宇 2
4	Building3	空间实体	楼宇 3
5	Room 1-1	空间实体	房间 1-1
6	Room 1-2	空间实体	房间 1-2
7	Room 1-3	空间实体	房间 1-3
8	Room 2-1	空间实体	房间 2-1
9	Room 2-2	空间实体	房间 2-2
10	Room 2-3	空间实体	房间 2-3
11	Room 3-1	空间实体	房间 3-1
12	Room 3-2	空间实体	房间 3-2
13	T1	设备实体	终端 1
14	T2	设备实体	终端 2
15	T3	设备实体	终端 3
16	Switch1	设备实体	交换机 1
17	GM1	设备实体	门禁机 1
18	T4	设备实体	终端 4
19	T5	设备实体	终端 5
20	GM2	设备实体	门禁机 2
21	Switch2	设备实体	交换机 2
22	GM3	设备实体	门禁机 3
23	Router	设备实体	路由器
24	Firewall	设备实体	防火墙
25	IPS	设备实体	入侵防御系统
26	Switch3	设备实体	交换机 3
27	WServer	设备实体	Web 服务器
28	DServer	设备实体	数据库服务器
29	FServer	设备实体	FTP 服务器
30	GServer	设备实体	门禁服务器

（续表）

序号	实体名称	实体类型	实体含义
31	OServer	设备实体	办公系统服务器
32	IServer	设备实体	内部 Web 服务器
33	T1_eth0	端口实体	终端 1 的 eth0 端口
34	T2_eth0	端口实体	终端 2 的 eth0 端口
35	T3_eth0	端口实体	终端 3 的 eth0 端口
36	S1_eth0	端口实体	交换机 1 的 eth0 端口
37	S1_eth1	端口实体	交换机 1 的 eth1 端口
38	S1_eth2	端口实体	交换机 1 的 eth2 端口
39	S1_eth3	端口实体	交换机 1 的 eth3 端口
40	S1_eth4	端口实体	交换机 1 的 eth4 端口
41	GM1_eth0	端口实体	门禁机 1 的 eth0 端口
42	T4_eth0	端口实体	终端 4 的 eth0 端口
43	T5_eth0	端口实体	终端 5 的 eth0 端口
44	GM2_eth0	端口实体	门禁机 2 的 eth0 端口
45	S2_eth0	端口实体	交换机 2 的 eth0 端口
46	S2_eth1	端口实体	交换机 2 的 eth1 端口
47	S2_eth2	端口实体	交换机 2 的 eth2 端口
48	S2_eth3	端口实体	交换机 2 的 eth3 端口
49	GM3_eth0	端口实体	门禁机 3 的 eth0 端口
50	R_eth0	端口实体	路由器的 eth0 端口
51	R_eth1	端口实体	路由器的 eth1 端口
52	R_eth2	端口实体	路由器的 eth2 端口
53	R_eth3	端口实体	路由器的 eth3 端口
54	Firewall_eth0	端口实体	防火墙的 eth0 端口
55	Firewall_eth1	端口实体	防火墙的 eth1 端口
56	Firewall_eth2	端口实体	防火墙的 eth2 端口
57	IPS_eth0	端口实体	入侵防御系统的 eth0 端口
58	IPS_eth1	端口实体	入侵防御系统的 eth1 端口
59	IPS_eth2	端口实体	入侵防御系统的 eth2 端口
60	S3_eth0	端口实体	交换机 3 的 eth0 端口

（续表）

序号	实体名称	实体类型	实体含义
61	S3_eth1	端口实体	交换机 3 的 eth1 端口
62	S3_eth2	端口实体	交换机 3 的 eth2 端口
63	S3_eth3	端口实体	交换机 3 的 eth3 端口
64	S3_eth4	端口实体	交换机 3 的 eth4 端口
65	S3_eth5	端口实体	交换机 3 的 eth5 端口
66	S3_eth6	端口实体	交换机 3 的 eth6 端口
67	S3_eth7	端口实体	交换机 3 的 eth7 端口
68	S3_eth8	端口实体	交换机 3 的 eth8 端口
69	WServer_eth0	端口实体	Web 服务器的 eth0 端口
70	DServer_eth0	端口实体	数据库服务器的 eth0 端口
71	FServer_eth0	端口实体	FTP 服务器的 eth0 端口
72	GServer_eth0	端口实体	门禁服务器的 eth0 端口
73	OServer_eth0	端口实体	办公系统服务器的 eth0 端口
74	IServer_eth0	端口实体	内部 Web 服务器的 eth0 端口
75	Firewall_manager	服务实体	防火墙管理服务
76	IPS_manager	服务实体	入侵防御系统管理服务
77	WServer_manager	服务实体	Web 服务器管理服务
78	DServer_manager	服务实体	数据库服务器管理服务
79	FServer_manager	服务实体	FTP 服务器管理服务
80	GServer_manager	服务实体	门禁服务器管理服务
81	OServer_manager	服务实体	办公系统服务器管理服务
82	IServer_manager	服务实体	内部 Web 服务器管理服务
83	WServer_web	服务实体	Web 服务
84	DServer_database	服务实体	数据库服务
85	FServer_ftp	服务实体	FTP 服务
86	GServer_tcp8080	服务实体	门禁信息传输服务
87	OServer_web_Alice	服务实体	办公系统 Alice 登录的服务
88	OServer_web_Bob	服务实体	办公系统 Bob 登录的服务
89	OServer_web_Charles	服务实体	办公系统 Charles 登录的服务
90	OServer_web_David	服务实体	办公系统 David 登录的服务

（续表）

序号	实体名称	实体类型	实体含义
91	OServer_web_Eric	服务实体	办公系统 Eric 登录的服务
92	IServer_web	服务实体	内部 Web 服务
93	S1_manager	服务实体	交换机 1 管理服务
94	S2_manager	服务实体	交换机 2 管理服务
95	S3_manager	服务实体	交换机 3 管理服务
96	R_manager	服务实体	路由器管理服务
97	T1_manager	服务实体	终端 1 远程桌面服务
98	T2_manager	服务实体	终端 2 远程桌面服务
99	T3_manager	服务实体	终端 3 远程桌面服务
100	T4_manager	服务实体	终端 4 远程桌面服务
101	T5_manager	服务实体	终端 5 远程桌面服务
102	GM1_manager	服务实体	门禁机 1 管理服务
103	GM2_manager	服务实体	门禁机 2 管理服务
104	GM3_manager	服务实体	门禁机 3 管理服务
105	WServer_conFile	文件实体	Web 服务器配置文件
106	DServer_databaseFile	文件实体	数据库服务器数据库文件
107	FServer_file	文件实体	FTP 服务器网络管理信息文件
108	GServer_file	文件实体	门禁服务器认证信息文件
109	OServer_conFile	文件实体	办公系统服务器配置文件
110	IServer_file	文件实体	内部 Web 服务器信息存储文件
111	IServer_conFile	文件实体	内部 Web 服务器配置文件
112	S1_password	信息实体	交换机 1 管理口令
113	S2_password	信息实体	交换机 2 管理口令
114	S3_password	信息实体	交换机 3 管理口令
115	Firewall_password	信息实体	防火墙管理口令
116	IPS_password	信息实体	入侵防御系统管理口令
117	WServer_password	信息实体	Web 服务器管理口令
118	DServer_password	信息实体	数据库服务器管理口令
119	DServer_databasePassword	信息实体	数据库服务管理口令
120	FServer_password	信息实体	FTP 服务器管理口令

（续表）

序号	实体名称	实体类型	实体含义
121	GServer_password	信息实体	门禁服务器管理口令
122	OServer_password	信息实体	办公系统服务器管理口令
123	R_password	信息实体	路由器管理口令
124	OServer_Alice_password	信息实体	办公系统 Alice 登录口令
125	OServer_Bob_password	信息实体	办公系统 Bob 登录口令
126	OServer_Charles_password	信息实体	办公系统 Charles 登录口令
127	OServer_David_password	信息实体	办公系统 David 登录口令
128	OServer_Eric_password	信息实体	办公系统 Eric 登录口令
129	IServer_password	信息实体	内部 Web 服务器管理口令
130	GM_password	信息实体	门禁机的管理口令
131	T1_password	信息实体	终端 1 管理口令
132	T2_password	信息实体	终端 2 管理口令
133	T3_password	信息实体	终端 3 管理口令
134	T4_password	信息实体	终端 4 管理口令
135	T5_password	信息实体	终端 5 管理口令
136	WServer_public	信息实体	Web 服务器上的公开信息
137	Info_confident_Alice	信息实体	Alice 知晓的机密信息
138	Info_confident_Bob	信息实体	Bob 知晓的机密信息
139	Info_confident_Charles	信息实体	Charles 知晓的机密信息
140	Info_confident_David	信息实体	David 知晓的机密信息
141	Info_confident_Eric	信息实体	Eric 知晓的机密信息
142	confident_Key	信息实体	办公系统存储信息的密钥
143	Info_confident_Alice_encrypted	信息实体	Alice 存储在办公系统上的加密信息
144	Info_confident_Bob_encrypted	信息实体	Bob 存储在办公系统上的加密信息
145	Info_confident_Charles_encrypted	信息实体	Charles 存储在办公系统上的加密信息
146	Info_confident_David_encrypted	信息实体	David 存储在办公系统上的加密信息
147	Info_confident_Eric_encrypted	信息实体	Eric 存储在办公系统上的加密信息

（续表）

序号	实体名称	实体类型	实体含义
148	IServer_webPassword	信息实体	内部 Web 服务管理口令
149	Info_Alice_auth	信息实体	门禁服务针对 Alice 的认证信息
150	Info_Bob_auth	信息实体	门禁服务针对 Bob 的认证信息
151	Info_Charles_auth	信息实体	门禁服务针对 Charles 的认证信息
152	Info_David_auth	信息实体	门禁服务针对 David 的认证信息
153	Info_Eric_auth	信息实体	门禁服务针对 Eric 的认证信息
154	IServer_Bob_Charles_share	信息实体	Bob 和 Charles 在内部 Web 服务器上的共享信息
155	Info_administrator_share	信息实体	管理员共享的通用口令
156	Alice	人员实体	用户 Alice
157	Bob	人员实体	用户 Bob
158	Charles	人员实体	用户 Charles
159	David	人员实体	用户 David
160	Eric	人员实体	用户 Eric

接着，构造了多域语义图，其中共有 160 个节点、393 条边、1 722 条路径和 41 条安全防护策略，这些安全防护策略被配置在 12 条边上。然后，根据网络规划设计和网络授权状态建立了用户应得权限矩阵和用户初始权限矩阵。在建立用户应得权限矩阵时，只将各用户根据业务需求明确应获取的权限设置为 1；在建立用户初始权限矩阵时，只赋予用户对公司外层空间的空间进入权，以及必要的信息知晓权。用户初始权限如表 2-7 所示。

表 2-7　用户初始权限

用户	空间进入权	信息知晓权
Alice	corp	OServer_Alice_password T1_password Info_Alice_auth
Bob	corp	OServer_Bob_password T2_password Info_Bob_auth IServer_webPassword
Charles	corp	OServer_Charles_password T3_password Info_Charles_auth IServer_password IServer_webPassword

（续表）

用户	空间进入权	信息知晓权
David	corp	S1_password S2_password S3_password WServer_password DServer_password FServer_password OServer_password R_password OServer_David_password T4_password Info_David_auth
Eric	corp	Firewall_password IPS_password GServer_password OServer_Eric_password T5_password Info_Eric_auth GM_password

最后，按照算法 2-1 计算用户实际权限矩阵，并在此基础上构建权限权重向量 W，计算网络运维配置脆弱性度量指标 WLN 和 JSC。当在 W 中，仅将与空间进入权、服务支配权和信息知晓权类似权限的权重设置为 1，其他元素设置为 0 时，有 WLN＝0.885，JSC＝0.698。当在 W 中，将所有权限的权重全部设置为 1 时，有 WLN＝0.781，JSC＝0.493。

具体地，用户应得权限、初始权限和实际权限的数量对比如表 2-8 所示，其中 D、I、A 三列分别表示应得权限、初始权限和实际权限数量。

表 2-8　用户权限数量对比

权限	Alice			Bob			Charles			David			Eric		
	D	I	A	D	I	A	D	I	A	D	I	A	D	I	A
空间进入权	4	1	8	4	1	8	7	1	9	11	1	11	7	1	12
服务支配权	3	0	4	4	0	5	5	0	8	13	0	18	11	0	11
信息知晓权	5	3	5	7	4	7	8	5	15	15	11	29	10	7	14

相比于用户应得权限，在当前网络配置下用户额外获得的实际权限如表 2-9 所示。

表 2-9　用户额外获得的实际权限

用户	空间进入权	服务支配权	信息知晓权
Alice	Building2 Building3 Room 2-3 Room 3-2	GServer_tcp8080	IServer_Bob_Charles_share

（续表）

用户	空间进入权	服务支配权	信息知晓权
Bob	Building2 Building3 Room 2-3 Room 3-2	GServer_tcp8080	—
Charles	Building2 Room 2-3	DServer_database FServer_ftp GServer_tcp8080	DServer_databasePassword Info_confident_Alice_encrypted Info_confident_Bob_encrypted Info_confident_Charles_encrypted Info_confident_David_encrypted Info_confident_Eric_encrypted Info_administrator_share
David	—	GServer_tcp8080 OServer_web_Alice OServer_web_Bob OServer_web_Charles OServer_web_Eric	OServer_Alice_password OServer_Bob_password OServer_Charles_password OServer_Eric_password Info_confident_Alice Info_confident_Bob Info_confident_Charles Info_confident_Eric confident_Key Info_confident_Alice_encrypted Info_confident_Bob_encrypted Info_confident_Charles_encrypted Info_confident_David_encrypted Info_confident_Eric_encrypted
Eric	Building1 Room 1-1 Room 1-2 Room 1-3 Room 2-2	—	Info_Alice_auth Info_Bob_auth Info_Charles_auth Info_David_auth

（2）网络运维配置脆弱性分析算法性能评估

本章进行的第二个实验，是利用配套开发的网络运维脆弱性分析工具，对利用不同算法进行脆弱性分析的性能进行评估，验证算法的有效性。所有的实验在一台 Lenovo X1 Carbon 笔记本上进行，配置 i7-5500U CPU 和 8 GB 内存。在这个过程中，通过构建不同规模的网络，对提出的基于多域语义图的用户实际权限计算方法和基于权限依赖图的用户实际权限计算方法进行验证。具体过程为：首先，以图 2-12 所示的网络空间环境为基础，通过不断增加计算机终端设备和人员数量，构建了 11 个不同规模的网络空间环境；然后，分别使用多域语义图和权限依赖图计算用户实际权限；最后，对两种算法所耗费的时间进行记录整理，形成对应的算法时间消耗对比，如表 2-10 所示。

表 2-10　网络运维配置脆弱性分析算法时间消耗对比

多域语义图 节点数量/个	多域语义图 边数量/条	用户节点 数量/个	基于多域语义图的单个 用户实际权限计算时间/s	基于权限依赖图的单个 用户实际权限计算时间/s
192	555	16	0.649	0.038 125
334	1 038	32	2.976	0.095
476	1 521	48	7.019	0.172 083 333
909	2 980	96	28.175	0.564 479 167
1 342	4 439	144	65.803	1.207 013 889
1 775	5 898	192	168.280	2.130 260 417
2 208	7 357	240	338.503	3.249 125
2 641	8 816	288	>360	4.916 284 722
3 074	10 275	336	>360	6.827 589 286
3 507	11 734	384	>360	8.995 651 042
3 940	13 193	432	>360	12.430 601 85

（3）用户多域渗透路径发现能力测试

本章的第三个实验主要对多域渗透路径发现算法进行测试。具体地，可以依托网络运维配置脆弱性分析工具，对某个用户得到某个权限的路径进行分析。例如，分析用户 David 对信息 Info_confident_Eric 的获取路径，可以得到一条多域渗透路径，这条多域渗透路径由 4 条子路径组成，如表 2-11 所示。每一条子路径均从用户的初始权限出发，至 AND 节点或实际权限终止。

表 2-11　目标权限的攻击子路径

攻击子路径	具体内容
第 1 条	corp|SPACE_ENTER-> Building2|SPACE_ENTER -> and|257 -> room 2-1|SPACE_ENTER -> T5|OBJECT_USE -> T5_eth0|PORT_USE -> OServer_web_Eric|SERVICE_REACH -> and|275 -> OServer_web_Eric|SERVICE_DOMINATE -> Info_confident_Eric|INFORMATION_KNOW
第 2 条	room 2-1|SPACE_ENTER -> T4|OBJECT_USE -> T4_eth0|PORT_USE -> DServer_manager|SERVICE_REACH -> and|266 -> DServer_manager|SERVICE_DOMINATE -> DServer_databaseFile|file_dominate -> OServer_Eric_password|INFORMATION_KNOW -> and|275
第 3 条	Info_David_auth|INFORMATION_KNOW -> and|257
第 4 条	DServer_password|INFORMATION_KNOW -> and|266

第 1 条子路径表明用户如何从公司的空间进入权（corp\|SPACE_ENTER）开始，逐步获得楼宇 2 的空间进入权（Building2\|SPACE_ENTER）、房间 2-1 的空间进入权

(room 2-1|SPACE_ENTER)、终端 5 的设备使用权（T5|OBJECT_USE）等权限，直至获取到信息 Info_confident_Eric 的信息获取权（Info_confident_Eric|INFORMATION_KNOW）的过程。因为在第 1 条子路径中，涉及两个 AND 节点（and|257 和 and|275），所以需要引入第 2 条、第 3 条子路径，进一步明确获得两个 AND 节点权限的过程。在第 2 条子路径中，用户从房间 2-1 的空间进入权（room 2-1|SPACE_ENTER）开始，逐步获得终端 4 的设备使用权（T4|OBJECT_USE）、终端 4 的 eth0 端口的端口使用权（T4_eth0|PORT_USE）等权限，直至获取到信息 OServer_Eric_password 的信息获取权（OServer_Eric_password|INFORMATION_KNOW），最后得到 AND 节点（and|275）的权限。在该过程中，又涉及一个 AND 节点（and|266），所以引入了第 4 条渗透路径，来描述该节点权限获取的过程。

（4）基于权限依赖图缩减的用户实际权限推理算法性能评估

本章的第四个实验主要是为了进一步评估基于权限依赖图缩减的用户实际权限推理算法的性能。

在这个过程中，首先对图 2-12 所示的网络空间环境进行进一步扩展，在模拟网络中增加更多的楼宇以容纳更多的主机和用户，共生成 7 个不同大小的虚拟网络，并根据这些网络生成多域语义图和对应的权限依赖图。这些网络的基本信息如表 2-12 所示。

表 2-12　虚拟网络基本信息

网络名称	多域语义图规模（节点数量/边数量）	权限依赖图规模（节点数量/边数量）
Nk-1	1 434/1 635	1 744/1 187
Nk-2	4 899/15 486	7 585/10 565
Nk-3	8 749/31 066	13 574/19 983
Nk-4	20 299/79 006	32 294/49 743
Nk-5	39 549/162 906	65 995/104 345
Nk-6	58 799/251 806	98 445/156 445
Nk-7	78 049/345 706	130 895/208 545

注：节点数量单位为个，边数量单位为条。

接着，基于表 2-12 中的虚拟网络评估了算法 2-5 对权限依赖图的缩减能力，使用算法 2-5 分别对 Nk-2 和 Nk-5 中 1 000 个不同用户的实际权限进行推理，其中执行轮次 r 设为 3，所有用户的初始权限随机获得。通过 10 次不同的实验，算法 2-5 各个阶段时间耗费和权限依赖图缩减率如表 2-13 所示。其中，符号 SCC-i 表示函数 MergeVertexBySCC 的第 i 次执行，符号 VID-i 表示函数 MergeVertexByInDgree 的第 i 次执行，符号 SPR-i 表示函数 MergeVertexByPred 的第 i 次执行。

表 2-13　算法不同阶段的时间耗费和权限依赖图缩减率

指标	网络名称	SCC-1	VID-1	SPR-1	SCC-2	VID-2	SPR-2	SCC-3	VID-3	SPR-3
时间耗费/s	Nk-2	0.03	0.06	14.19	0.02	0.03	9.90	0.02	0.02	9.94
	Nk-5	0.68	0.58	1 422.62	0.19	0.22	1 058.63	0.37	0.14	1 042.33
节点数量缩减率	Nk-2	3.31%	34.77%	7.54%	0.00%	0.09%	0.00%	0.00%	0.00%	0.00%
	Nk-5	4.75%	24.97%	16.28%	0.00%	0.07%	0.00%	0.00%	0.00%	0.00%
边数量缩减率	Nk-2	3.79%	39.45%	8.50%	0.00%	0.01%	0.00%	0.00%	0.00%	0.00%
	Nk-5	4.79%	24.95%	16.14%	0.00%	0.01%	0.00%	0.00%	0.00%	0.00%

最后,对基于权限依赖图缩减的用户实际权限推理框架的有效性进行了评估。在 7 个模拟网络上分别使用缩减后的权限依赖图和原始权限依赖图对 1 000 个用户的实际权限进行推理,其时间耗费和缩减后的权限依赖图大小如表 2-14 所示。该表涉及两种基于权限依赖图缩减的用户实际权限推理框架的实现方法,这两种实现方法分别被命名为缩减方法 1 和缩减方法 2。在缩减方法 1 中,首先顺序执行了 MergeVertexBySCC、MergeVertexByInDgree 和 MergeVertexByPred 函数,然后第二次执行函数 MergeVertexByInDgree;在缩减方法 2 中,只有函数 MergeVertexBySCC 和 MergeVertexByInDgree 被顺序执行。

表 2-14　用户实际权限推理时间耗费和缩减后的权限依赖图大小

指标	算法	Nk-1	Nk-2	Nk-3	Nk-4	Nk-5	Nk-6	Nk-7
时间耗费/s	原始权限依赖图	29.756	211.979	462.857	1 212.035	2 161.664	3 061.052	4 153.991
	缩减方法 1	21.024	145.7	312.578	997.724	2 555.335	5 121.979	8 142.078
	缩减方法 2	21.802	130.458	255.714	685.76	1 414.736	2 197.226	3 043.014
权限依赖图节点数量/个	原始权限依赖图	1 744	7 585	13 574	32 294	65 995	98 445	130 895
	缩减方法 1	1 346	4 118	7 198	16 438	31 838	47 238	62 638
	缩减方法 2	1 421	4 697	8 337	19 257	37 457	55 657	73 857
权限依赖图边数量/条	原始权限依赖图	1 187	10 565	19 983	49 743	104 345	156 445	208 545
	缩减方法 1	622	5 698	11 338	28 258	56 458	84 658	112 858
	缩减方法 2	837	7 425	14 745	36 705	73 305	109 905	146 505

2.6.3　实验结果讨论

（1）网络运维配置脆弱性分析的必要性

通过分析第一个实验的结果可以发现，网络运维配置脆弱性分析框架具有发现用户所有的可能权限，并分析这些额外权限所引入的脆弱性的能力，这些脆弱性不能通过其他方法分析。分析表 2-8 结果可知，虽然目标网络空间中，物理域、网络域、信息域安全策略都已经被合理地配置，但是用户依旧能够获得比应得权限多得多的实际权限，包括能够进入更多的物理空间，访问更多的网络服务，以及获得更多的信息。

通过分析表 2-9 所列出的用户额外获得的实际权限，可以发现在权限上主要有两个问题：①所有用户都可以访问网络服务 GServer_tcp8080，而不仅仅是负责管理门禁设备的 Eric；②管理员能够通过管理权限获得比应得权限多得多的权限。对于第一个问题，可以发现引起该问题的主要原因是用户能够进入房间 1-3、房间 2-3 或房间 3-2，使用端口 GM1_eth0、GM2_eth0 或 GM3_eth0 访问网络服务 GServer_tcp8080。这是一个典型的物理域安全配置和网络域安全配置不一致的情况。

对于第二个问题，可以发现引起该问题的根本原因是管理员能够访问额外的服务，主要包含两个方面：①管理员能够通过他们管理的设备绕过防火墙来访问更多的服务。例如：Charles 可以使用内部 Web 服务器而不是终端 3 来访问网络服务 FServer_ftp，因为在内部 Web 服务器和 FTP 服务器之间没有任何的访问控制策略。②管理员能够从他们管理的设备的数据库或配置文件中得到更多的敏感信息。例如：David 能够利用管理数据库服务器的权限访问数据库服务 DServer_database，得到 Alice 访问服务 OServer_Alice 的密码，然后访问 OServer_web_Alice 服务来得到 Alice 存储的机密信息。

（2）基于权限依赖图的用户实际权限计算方法分析

通过分析第二个实验的结果可以发现，在引入权限依赖图后，网络运维配置脆弱性分析算法的性能有了较大的提升。随着网络规模的不断扩大，这种性能提升愈加明显，在实体数量为 2 208、实体关系数量为 7 357 的网络上，基于权限依赖图的单个用户实际权限计算时间不足基于多域语义图的单个用户实际权限计算时间的 1%。通过比较算法 2-2 和算法 2-4 可知，基于多域语义图的网络运维配置脆弱性分析中，如果用户的实际权限比初始权限多 m 个，则在最坏的情况下，需要使用所有权限依赖规则进行 m 遍推理，而每次使用某条规则进行权限推理时，均需要逐一查找在当前权限下能够满足推理条件的权限或权限集合，这个过程十分耗时；而基于权限依赖图的网络运维配置脆弱性分析，相当于预先将可能满足各推理条件的权限或权限集合一一列出，仅当某个权限或权限集合能够推理出其他权限时，才使用其进行推理，节省了大量的推理条件枚举的过程，从而大大提升了算法效率。

进一步分析该实验的结果可以发现，基于权限依赖图的网络运维配置脆弱性分析算法具有较好的可扩展性，能够满足不同规模的网络运维配置脆弱性分析的需求。从

表 2-10 所列的结果可知,随着网络规模的不断扩大,在时间耗费上呈多项式增长,在内存消耗上呈接近线性增长。如果使用一个笔记本电脑,对于一个具有 450 个设备、450个用户的网络进行网络运维配置脆弱性分析,时间耗费不超过 1.5 h,内存消耗不超过180 MB。更重要的是,根据算法 2-3 可知,每个用户的实际权限均是被独立计算的,这个算法可以被简单地并行化,这也意味着通过使用计算集群,这个计算时间能够被进一步地减少。

通过分析第三个实验的结果可以发现,多域渗透路径发现算法能够发现用户通过物理域、网络域、信息域动作的综合攻击路径。在 David 从初始权限出发获取权限 Info_confident_Eric|INFORMATION_KNOW 的过程中,综合使用了物理域、网络域、信息域动作。例如,在物理域中,他从公司进入楼宇 2,继而进入房间 2-1,使用终端 5 访问网络;在网络域中,他通过使用终端 5 的 eth0 端口,访问网络服务 OServer_web_Eric;在信息域中,他通过访问网络服务 DServer_manager 得到了数据库文件 DServer_databaseFile 的文件支配权,进而从中读出 Eric 的办公系统密码 OServer_Eric_password。David 综合使用这些动作,不断实现权限提升。

（3）基于权限依赖图缩减的用户实际权限计算方法分析

从第四个实验的结果可以发现,权限依赖图缩减方法可以有效地缩减权限依赖图的大小,但是在算法 2-5 主循环执行的多个轮次中,每个轮次对权限依赖图的缩减能力有所不同。从表 2-13 所示的结果可以看出,权限依赖图的规模在第一轮急剧减小,在第二轮略有减小,在第三轮根本没有减小。这表明在算法 2-5 中,不需要保留太多的循环次数。只需像缩减方法 1 中展示的那样,顺序执行四个子函数就可以达到较优的权限依赖图缩减效果。

类似地,通过表 2-13 所示的结果可以看出,3 个节点合并函数对权限依赖图的缩减能力是不一样的。权限依赖图缩减能力最强的函数是 MergeVertexByInDgree,它缩减了原始权限依赖图上 20% 以上的节点。对应地,权限依赖图缩减能力最差的函数是MergeVertexBySCC,它只缩减了原始权限依赖图上 3%～5% 的节点。此外,通过表 2-13 所示的结果还可以发现,不同的函数所消耗的时间也是不一样的。函数MergeVertexByPred 的运行时间最长,是其他两个函数的数百倍甚至数千倍,所以可以有针对性地设计子函数调用方式,仅仅保留 MergeVertexByInDgree 和 MergeVertexBySCC 两个子函数的调用,就像缩减方法 2 所示的过程一样。

通过表 2-14 所示的结果可以看出,缩减方法 2 能够有效地减少用户实际权限推理的时间。与基于原始权限依赖图的算法相比,缩减方法 2 在所有场景下都减少时间消耗 25% 以上,但是缩减方法 1 的用户实际权限推理时间在部分情况下都比基于原始权限依赖图的算法要长,这意味着 MergeVertexByPred 函数耗费了大量的时间进行权限依赖图的缩减,权限依赖图缩减所带来的推理时间提升的收益已经比不上权限依赖图缩减所带来的时间耗费,特别是在网络规模较大的情况下。这是因为合并图前序节点的算法在大部分图处理基础库函数中均缺乏必要的优化。

2.7　小结

　　本章对网络运维配置脆弱性分析方法进行了详细的讨论,提出了网络运维配置脆弱性分析框架,针对用户实际权限推理这个核心环节,分别讨论了基于多域语义图、权限依赖图和权限依赖图缩减的相关方法,能够有效支撑大规模网络运维配置脆弱性分析。

第**3**章 网络安全配置生成智能化

通过对网络运维脆弱性的相关分析可以发现,传统的依据网络系统实际需求,按照权限最小化的原则,对涉及的用户进行权限分析,进而人工对网络权限进行管理和分配的传统方式,由于忽略了权限之间的依赖关系,容易使合法用户获取额外的权限,从而会为网络空间引入安全隐患。为此,可以通过计算机程序实现网络安全配置的自动化、智能化生成,达到降低网络整体安全风险的目的。

在网络空间众多的安全配置中,访问控制配置是最为常见,也是使用最为广泛的一种安全防护手段。它可以表现为基于防火墙、路由器等安全防护设备,配置访问控制列表,进而在网络空间中实施访问控制;也可以表现为使用基于角色的访问控制(role-based access control,RBAC)模型[33-34]、基于属性的访问控制[35](attribute-based access control,ABAC)模型等访问控制模型,在网络信息系统中实现对应的访问控制。在本章中,首先设计了网络安全配置智能生成框架,进而分别对基于遗传算法的访问控制规则生成、基于多域信息的用户角色挖掘等方法进行了讨论。通过模拟实验网络发现,这些方法能够有效地降低由于人工管理不善而引入的安全风险。

3.1 网络安全配置生成研究现状

目前,虽然关于网络安全配置智能化生成的讨论还处于一个起步的阶段,但是,在访问控制策略、用户角色挖掘等方面的研究进展可以为网络安全配置的动态生成奠定基础。

3.1.1 访问控制策略

随着信息系统面临的安全威胁越来越严峻,对网络内的访问控制策略进行统一的分析和管理进而实现有效的联动成为未来发展的重要趋势,也是学术界研究的一个热门的方向。

早期的学术研究主要是针对访问控制策略冲突检测问题进行相关的讨论。防火墙安全策略,一般指访问控制列表,它可以用五元组⟨协议类型;源地址;源端口;目的地址;目的端口⟩来进行表示。访问控制策略冲突,是指同一条网络数据流,能够被多条访问控制列表匹配,而且不同的访问控制列表对该数据流有不同的处理动作。防火墙安全策略冲突的检测问题是在 2000 年由 Hari 等人首次提出的[36],他们提出了一种基于 Trie 的冲突检测算法,主要关注不同安全域内的访问控制策略的冲突问题。Hamed 等人提出了基于排序二进制决策图(ordered binary decision diagrams)的访问控制策略冲突检测方法[37],为后期的研究奠定了基础。后期,针对访问控制策略冲突的研究不断增多,陆续提出了基于防火墙决策表、策略树、决策树、形式化等方式的防火墙冗余策略和冲突策略的检测方法[38-40],但是这些方法主要针对不同访问控制策略的五元组信息进行提取和分析,研究集中在防火墙五元组信息的高效匹配和语法层面的冲突检测上,缺乏在网络空间整体视角下对防火墙规则影响的全面分析。

为了能够在网络环境下检测多个防火墙之间的策略冲突,学术界通过对安全策略进行建模,提出了相应的检测算法。李鼎等人利用逻辑编程方法对网络安全策略进行了形式化的验证[41]。包义保等人基于一阶逻辑提出了基于良基语义的安全策略验证方式,在访问控制应用中具有可靠的策略验证能力[42]。Nazerian 等人采用一阶逻辑的方法对多安全域内基于角色的访问控制系统安全性进行了分析[43],但这些工作过于偏重于对安全策略的形式化建模,难以满足大规模网络安全策略实际生成的需要。

在实际的访问控制策略生成上,学术界也做了很多探索。Salameh 等人提出了一种基于神经网络的防火墙安全配置生成方案,其本质是通过神经网络,根据预先收集的防火墙日志进行训练,生成相应的网络安全策略[44]。Sreelaja 等人利用蚁群算法来智能生成防火墙的配置,但是他们的算法主要针对通过防火墙的流量或日志进行相关训练,缺乏对高层语义的理解[45]。Hachana 等人提出了策略挖掘的概念,从防火墙上部署的规则中提取相应的角色,从而实现策略的统一管理和生成,随后他们扩展了这个概念,将其推广到网络中的多个防火墙[46]。但是整体来说,这些工作具有两个方面的缺点:一方面,其主要集中在网络域,没有考虑网络安全配置对网络安全的综合影响;另一方面,由于缺乏对网络业务关系的整体建模,其难以直接生成满足业务需要的访问控制列表。

3.1.2 用户角色挖掘

基于角色的访问控制已经成为网络安全领域中的一个重要的访问控制模型,在工业界和学术界均具有广泛的应用。相较于传统的访问控制模型,如自主访问控制和强制访问控制,基于角色的访问控制引入角色的概念,使得这个模型具有更为广泛的适用性[47]。角色被定义为一组权限的集合,基于角色的访问控制合理使用的要点在于正确地生成合适的角色。基于角色的访问控制,其关键点是根据商业需求决定合适的角色,这个过程被称为角色工程。在角色工程中,主要有两种方式来决定网络用户角色:从顶向下和从底向上。从顶向下的方式主要是通过对商业业务流程的深入分析,人工地定义用户角色[48];而从底向上的方式主要是通过分析底层的数据集,自动地从中发现用户角色,后者也常常被称为角色挖掘,因为它们常常适用于数据挖掘的相关技术[49-50]。

现有的角色挖掘方法主要以一个已有的"用户-权限"指定关系矩阵 $UPA \subseteq USERS \times PERMS$ 为基础,发现合适的"用户-角色"指定关系矩阵 $UA \subseteq USERS \times ROLES$ 和合适的"角色-权限"指定关系矩阵 $PA \subseteq ROLES \times PERMS$。

Kuhlmann 等人第一次提出了角色挖掘的定义,它指的是从一系列用户权限的指定数据中发现用户角色[51]。根据角色挖掘方法的输出,传统的角色挖掘方法主要可以分为两类[52]:第一类方法是输出一系列候选的用户角色,每个用户角色被指定一个优先级,用户角色的优先级越高,证明角色更为重要或更加实用。完全挖掘(complete miner,CM)和快速挖掘(fast miner,FM)是这类算法中的典型算法,它们能够用一种非监督的方式枚举可能的权限子集,从而识别出可能包含重复权限的权限集合,作为用户角色的候选[53]。第二类方法是在最小化特定耗费下,输出一个完整的 RBAC 的状态。这类方法的典型算法包括基于聚类分析的 OFFIS 角色挖掘(OFFIS role mining tool with cluster analysis,ORCA)、分层挖掘器(hierarchical miner,HM)[54]、图优化(graph optimization,GO)[55]、惠普角色最小化(HP role minimization,HPr)、惠普边最小化(HP edge minimization,HPe)[56]等算法。

除了这些经典的角色挖掘算法外,在近些年,角色挖掘领域还取得了很多重要的进展。Frank 等人提出一种概率化的角色挖掘方法,该方法引入了用户权限指定关系之间的相似性,能够检测出异常或错误的"用户-权限"指定关系。除此之外,他们还提出了一种基于信息熵的数据挖掘方法,在此过程中,考虑了业务知识对角色挖掘的影响[57]。Colantonio 等人提出一种融合了业务信息的角色挖掘过程,在这个过程中,权限信息被分成小的集合,然后针对这些小的集合而不是独立的权限,使用传统的角色挖掘方法,从而保证最后挖掘出的用户角色能够具有较好的业务含义[49]。Molloy 等人提出了一个基于形式化定义的格模型来发现具有语义信息的用户角色[58],同时提出了一种基于逻辑主成分分析的方法来去除原始数据中的噪声[59]。Du 和 Change 提出了两种基于智能启发式的角色挖掘算法,将遗传算法和蚁群算法运用到角色挖掘之中[60]。Dong 等人将角色挖掘问题转化为二分网络覆盖问题,根据最小化用户角色数量和边数量等优化目标,提出了相应的用户角色快速获取和启发式算法[61]。

在对于角色挖掘算法的优劣评价上,不同的文献采用了不同的度量指标,主要包括:最小化角色数量[53, 62]、最小化边数量[55, 56, 61]、同时最小化角色和边数量[63]、最小化用户角色关系数量[55]和最小化管理费用等[64]。这些评价指标可以统一被带权重的结构复杂性(weighted structural complexity,WSC)来度量[65]。

在现有的角色挖掘算法中,"用户-权限"指定关系被认为是独立的,但是通过网络运维脆弱性分析的基础理论可知,用户在网络空间的授权过程常常是在物理域、网络域、信息域内分别授权,而且也常常会由多个策略控制点分别授权,比如门禁系统、防火墙和认证授权系统,这些系统常常被独立配置,致使用户会得到比其应得权限更多的权限。例如,在上章中所提及的,被授权进入某个空间的人员将有机会使用该空间内属于其他人员的终端;管理员可以使用他们所管理的服务器,绕过访问控制策略来访问部署在其他服务器上未被授权的网络服务;用户或管理员可以使用被分配到的密码来爆破其他相似的密码;等等。如果没有在访问控制的过程中对这些权限上的依赖关系加以考虑,那么被分配到特定角色的用户会得到额外的权限,从而为网络空间引入额外的脆弱性。

为了避免上面提到的问题,本章提出了基于多域信息的角色挖掘框架(role mining framework based on the multi-domain information,RMMDI)。与之前的方法不同,该框架不再将已有的"用户-权限"指定关系矩阵作为角色挖掘的起点,而是从网络空间物理域、网络域、信息域等多个安全域内的基本信息出发,将可能的用户权限分割成多个不相交的权限子集,每一个权限子集内的权限是相互依赖的,而不同权限子集内的权限相互独立。这样,如果将一个权限子集内的权限赋予一个用户角色,那么被指定某个角色的用户将不会获得其他角色的权限,从而避免在访问控制时出现潜在的安全问题。

3.2 网络安全配置智能生成框架

在本节中,研究如何能够根据网络实际拓扑环境,有针对性地生成访问控制策略。在此,提出一个通用的网络安全配置智能生成框架,该框架能够通过度量不同安全配置下网络运维脆弱性的水平,智能化地优化网络安全配置,从而提升网络安全配置的合理化水平。该框架的整体结构如图 3-1 所示:

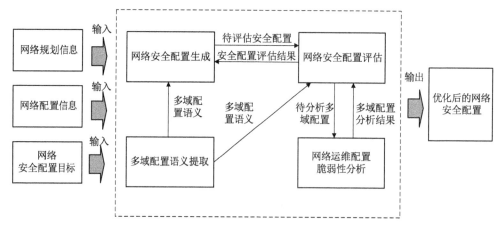

图 3-1　网络安全配置智能生成框架

该框架主要包括四个功能模块,分别为网络安全配置生成模块、网络安全配置评估模块、多域配置语义提取模块和网络运维配置脆弱性分析模块。

- 网络安全配置生成模块主要负责根据多域配置语义信息,生成备选的网络安全配置,将生成的安全配置提交给网络安全配置评估模块进行评估,并接收相应的评估结果。

- 网络安全配置评估模块主要负责综合网络安全配置生成模块生成的安全配置,以及多域配置语义提取模块提取的网络基础语义信息,得到完整的多域配置,将其提交给网络运维配置脆弱性分析模块进行分析,并接收相应的分析结果。

- 网络运维配置脆弱性分析模块主要负责对网络安全配置评估模块提交的待分析的多域配置进行分析,得到对应的分析结果,并将其返回。

- 多域配置语义提取模块主要负责对网络配置信息进行高级语义提取和校对,得到一致性的网络配置高级语义,并将相关信息提交给网络安全配置生成、网络安全配置评估等模块。

框架的输入共有三种,分别为网络规划信息、网络配置信息和网络安全配置目标。网络规划信息主要描述网络规划设计的相关细节,相关信息主要用于描述网络空间的最佳安全状态;网络配置信息主要描述网络多域配置的相关细节,网络安全配置智能生成框架将按照网络运维配置脆弱性分析框架的要求,从中提取多域实体、实体关系、安全防护规则、权限依赖关系等信息,相关信息将用于网络运维配置脆弱性分析;网络安全配置目标是指在目标网络上可以被优化的目标,它既可以是网络安全策略,也可以是物理安全策略和信息安全策略。

框架的输出为优化后的网络安全配置,其是根据网络安全配置目标,在可能的网络安全配置空间内寻找可能的配置,从而完成网络空间安全配置智能生成的相关任务。

基于网络安全配置智能生成框架,可以根据不同的网络安全配置,实现对应的优化。例如:针对网络中的访问控制列表,可以根据网络规划设计方案,在给定网络基本拓扑和最小化网络安全风险的条件下,实现网络安全设备的自动配置;针对信息系统中的用户角色,也可以进行相应的优化。在后面的章节中,将重点从这两个方面讨论具体问题。

3.3 基于遗传算法的网络访问控制规则生成

3.3.1 安全配置智能生成算法

从图 3-1 所示的网络安全配置智能生成框架可以看出,实现网络安全配置的自动生成,实质上是找到一种算法,能够通过度量现有安全配置的优劣,逐步找到比较"好"的安全配置,这个要求与智能算法的内在逻辑是一致的,所以,可以通过各种智能算法来实现对应的网络安全配置生成模块。常见的方法包括启发式算法、强化学习算法、主动学习算法等,在本节中,采用最常见的启发式算法——遗传算法来解决这个问题。

遗传算法(genetic algorithm,GA)是一种受生物进化启发的学习方法,是模拟达尔文生物进化论的自然选择和遗传学机理的生物进化过程的计算模型,是一种通过模拟自然进化过程搜索最优解的方法,提供了一种求解复杂系统问题的通用框架,具有很强的鲁棒性,广泛应用于许多科学领域。

使用遗传算法来实现网络安全配置智能生成框架中的网络安全配置生成模块,对网络访问控制规则进行生成的主要过程如图3-2所示,主要可以分为访问控制规则编码、种群初始化、执行遗传算子生成新种群和输出最优个体等四个阶段。其基本思想是对网络中所有可能的访问控制规则进行合理编码,确定相应的遗传算子和算法参数,生成初始种群并进行遗传优化,智能生成适应度较高的子代个体。在这个过程中,针对每一个个体,即网络空间内的一个可能的配置,通过网络运维配置脆弱性分析框架得到在该网络空间内的运维配置脆弱性,作为该个体的适应度。通过这种方式,该框架能够通过自动比较不同的网络访问控制规则下的网络安全风险,在可能的配置空间内自动搜索网络访问控制规则的最优解,实现网络访问控制规则的智能生成。

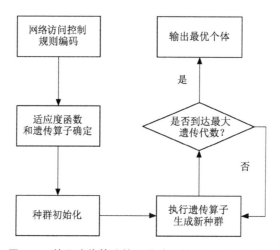

图3-2 基于遗传算法的网络访问控制规则生成方法

- 在访问控制规则编码阶段,首先针对需要优化的网络访问控制设备,全面分析网络上可能的访问控制规则,然后分别针对具体的访问控制规则进行编码,建立相应的"基因"和"染色体"。这个过程中主要需要解决两个问题:一是确定网络访问控制规则空间的大小,即能够配置的网络访问控制规则有多少;二是将具体的网络访问控制规则编码成相应的"基因"和"染色体",将不同的网络访问控制规则对应到不同的"基因"和"染色体",这个过程应确保是一个双向可逆的过程,既可以通过网络访问控制规则生成相应的"基因"和"染色体",也能够通过相应的"基因"和"染色体"反推出相应的网络访问控制规则。
- 适应度函数和遗传算子的确定阶段,主要是确定个体优劣的评价标准,以及解决如何产生下一代等问题。前者的基本想法基于网络运维配置脆弱性度量指标,因为对于不同的网络安全策略,其能够产生的网络运维配置脆弱性不同,也就是说,可以用网络运维配置脆弱性的不同来度量网络访问控制规则的优劣;在遗传算子的确定上,目前学术界提出了很多算子,也有过很多的讨论,可以在其中择优选用。

- 种群初始化阶段主要是根据一系列预设参数,生成一系列的个体,形成初始化种群。在这个过程中,应尽量保证初始化个体的均匀分布,从而使得算法能够尽快找到适应度较好的个体。

- 执行遗传算子生成新种群和输出最优个体阶段,主要是通过预设的遗传算子,从初始种群开始,不断生成新的个体,构建新的种群,在经过一定代数的迭代后,输出其中适应度最高的个体,将其映射为相应的网络访问控制规则,从而形成最后的结果。

3.3.2　访问控制规则编码

在访问控制规则智能生成过程中,由于优化目标是希望找到最优化的访问控制规则,其首先需要对可能的访问控制规则进行编码,建立相应的“基因”和“染色体”。网络访问控制规则可以用四元组 (p_f, p_t, n, v) 来表示,其中 p_f 和 p_t 是同属于一台设备的两个端口,n 代表数据流源地址,v 代表目标网络服务,该四元组表示从端口 p_f 到端口 p_t 的链路,允许源地址为 n,目的服务为 v 的数据流通过。对于需要优化安全配置的目标链路 $\langle p_f, p_t \rangle$,如果所有可能通过该链路的网络数据流中,源地址的数量为 n_{ft},目的服务数量为 v_{ft},则该链路上所有可能的访问控制规则的数量为 $n_{ft} v_{ft}$。如果存在多条需要优化的链路,则网络上所有可能配置的访问控制列表的数量可以根据公式(3-1)计算。

$$L = \sum_{\langle p_f, p_t \rangle \in K} n_{ft} v_{ft} \qquad (3\text{-}1)$$

在公式(3-1)中,K 为需要优化的链路集合。如果用基因值 0 来表示某访问控制列表未被配置,1 表示该访问控制列表被配置,则网络上所有的安全策略(访问控制列表)配置的状态可以构成一个长度为 L 的数值串,该数值串可以作为描述当前网络安全配置的“染色体”,即优化种群中的一个个体,其中每一个数值即是构成该“染色体”的“基因”。

3.3.3　适应度函数和遗传算子确定

在利用遗传算法进行网络安全策略优化时,需要确定相应的适应度函数和遗传算子。所谓的适应度函数是评价个体优劣的一个标准。在本算法中,如果第 i 个样本对应的安全配置为 c,则定义其适应度函数 $f(i) = \mathrm{WLN}(c)$,可表示为公式(3-2)。

$$f(i) = 1 - \frac{\| \mathrm{abs}(\boldsymbol{UDPM} - \boldsymbol{UAPM}) \times \boldsymbol{W} \|_L^1}{U \times \| \boldsymbol{W} \|_L^1} \qquad (3\text{-}2)$$

其中，**UDPM** 和 **UAPM** 分别为在配置 c 下的用户应得权限矩阵和用户实际权限矩阵，**W** 是权限权重向量(详见 2.2.4 节)。基于遗传算法的网络访问控制规则生成算法的根本目的，是通过算法查找使得 $f(i)$ 值最大的样本，也就是网络安全风险最小的网络访问控制规则。

在遗传算法中，一般涉及三个算子，即选择算子、交叉算子和变异算子。

选择算子指定从原种群中选择父体的方式，它根据个体适应度对种群中的个体进行优胜劣汰操作，使得适应度较高的个体有较大的概率被遗传到下一代群体中，常用的选择算子有比例选择方法、无回放随机选择方法、排序选择方法等，在本框架中使用比例选择方法，也称为轮盘赌选择方法，即在选择父代时，第 i 个父代被选择的概率为 $\rho(i) = f(i)/\sum f(i)$，也就是说，适应度高的个体更有可能被选择到。

交叉算子指定父代产生子代的方式，常用的交叉算子有单点交叉、两点交叉和均匀交叉，本算法采用均匀交叉的方式。具体来讲就是，对于两个父代个体 P_1 和 P_2，按照概率 ρ_e 随机产生一个交叉模板向量，每一个分量为 1 或者 0，当交叉模板向量的第 i 位为 1 时表示生成后代个体的第 i 位继承自个体 P_1，第 i 位为 0 时则表示生成后代的第 i 位继承自个体 P_2。

变异算子模拟了生物进化功能，对新产生的后代基因随机进行变异，从而增强算子的最优解搜索能力。常用的变异算子有位变异、均匀变异和高斯变异等。本方法中使用位变异，即对于个体的每一个基因，按照概率 ρ_m 随机指定其为变异点。如果该基因被指定为变异点，则将该位置对应的值取反，否则保留原值。

3.3.4　种群初始化

利用遗传算法进行网络访问控制规则优化的基本思想是通过一个种群的不断进化来得到使目标函数最优的个体的过程，即最优解。因此，在算法进行迭代优化前，首先要产生一个初始种群，即产生 N 个初始个体。

按照 3.3.2 节中提及的网络访问控制规则编码，可以看到每一个安全配置均可以被表示为一个长度为 L 的二进制数值串；反之，每一个长度为 L 的二进制数值串，也均能够映射到一个网络安全配置上。所以，在种群初始化时，只需要随机产生 N 个独立的个体，即能够满足相关要求。在初始化个体时引入参数 $0 \leqslant z \leqslant 1$，表示一个"染色体"中"基因"为 1 的比例，即网络安全设备上配置为允许通过的访问控制列表的比例，z 值越大，设备允许通过的数据流的种类越多。

3.3.5　执行遗传算子生成新种群

在确定了初始种群后，即可以执行遗传算子生成新种群。执行遗传算子生成新种群的流程主要包括：

(1) 根据构建的适应度函数，计算初始化种群中所有个体的适应度，其中个体 i 的适应度表示为 $f(i)$；

（2）执行选择操作，为种群中的每一个个体 i 赋予一个被抽中的概率 $\rho(i) = f(i) / \sum f(i)$，并按照这个概率选取两个父代个体；

（3）执行交叉操作，以概率 ρ_c 随机判断两个父体是否进行交叉，如果不需要交叉，则直接将两个父代个体加入子代，否则以概率 ρ_e 产生一个模板向量，并按照这个模板向量，产生两个新后代；

（4）执行变异操作，以概率 ρ_m 对新产生的后代进行随机位取反操作，并将其加入新种群中；

（5）重复（2）～（4）步，直至生成 N 个个体为止。

（6）输出最优个体。判断当前种群生成代数，如果不大于预设代数 G，则重复进行（1）～（5）的操作；否则，计算当前种群内所有个体的适应度函数，输出适应度函数最大的个体，其所对应的安全策略即为找到的最优安全策略。

综上所述，基于遗传算法的网络访问控制规则生成算法如算法 3-1 所示。

算法 3-1：基于遗传算法的网络访问控制规则生成算法

输入：个体编码长度 w，染色体内基因为 1 的比例 z，种群规模 N，终止进化的代数 G，适应度计算函数 f（ ＊ ），样本交叉概率 ρ_c，基因交叉概率 ρ_e，基因变异概率 ρ_m

输出：最优安全配置 c

1：随机生成 N 个长度为 w 的二进制数值串，每个数值串内值为 1 的个数为 z×w 个，作为初始种群 P
　　＃＃初始化迭代次数

2：generation＝0

3：while(generation＞=G)：

4：begin

5：　　　计算种群 P 中每一个个体的适应度 f(i)，以及其被挑选的概率 $\rho(i) = f(i) / \sum f(i)$

6：　　　置新种群 P'＝∅

7：　　　while(|P'|＜N)

8：　　　begin

9：　　　　　执行选择操作：根据概率选择两个父代个体 s 和 t。

10：　　　　　执行交叉操作：首先选择随机数 r∈[0,1]，如果 r＞ρ_c，则得到新个体 s'＝s 和 t'＝t。否则，对 s 和 t 的每一个基因位置，选择 r'∈[0,1]，如果 r'＞ρ_e，则该位基因不变，否则对该位的基因执行交叉操作，最终得到两个新个体 s' 和 t'。

11：　　　　　执行变异操作：对 s' 和 t' 的每一个基因位置，分别选择随机数 r"∈[0,1]，如果 r"＞ρ_m，则对该位置的基因执行取反操作，从而得到两个新个体 s" 和 t"，并将其加入种群 P'。

12：　　　end

13：　　　执行更新操作：P＝P'

14：　　　generation ＝ generation ＋1

15：end

16：计算种群中每一个个体的适应度 f(i)，挑选适应度最大的个体 i，计算其对应的安全配置 c

17：return c

3.4 访问控制规则生成算法实验评估

3.4.1 实验环境

依旧依托图 2-12 所示的实验环境,对本节提出的算法进行实验和评估,对防火墙的访问控制规则进行自动生成。假设需要配置的安全设备为防火墙 Firewall,通过分析可以发现,它具有两条可以配置访问控制规则的链路,分别是〈eth0,eth1〉和〈eth1,eth0〉。前者是在从端口 eth0 流向端口 eth1 的数据流上施加访问控制列表,而后者是在从端口 eth1 流向端口 eth0 的数据流上施加访问控制列表,分别控制数据流流入数据中心和数据流流出数据中心。

在实验时,首先对网络安全配置优化相关的参数进行设置。除基础网络环境外,需要设置的参数包括优化目标、关注的权限、优化的参数等。其中,优化目标主要是配置具体生成访问控制规则的链路,在实验中,仅对链路〈eth0,eth1〉上的访问控制列表进行生成,而对链路〈eth1,eth0〉不添加任何访问控制列表,也就是说,不允许任何从数据中心主动流出的流量通过防火墙。

在实验过程中涉及一个超参数 W,即在公式(3-2)中,计算个体适应度时涉及的权限权重向量,在实验中将其设置为全 1 的向量,即对于网络安全管理员来说,网络控制中所有可能的权限均同等重要。对于其他遗传算法相关的参数的确定方式,在 3.4.2 节内描述。

3.4.2 实验过程和结果

通过网络运维脆弱性分析工具对该网络拓扑进行分析,发现在防火墙左侧可能的源地址有 22 个,右侧可能的服务有 26 个(同一服务可以部署在不同的端口上),则在链路〈eth0,eth1〉上,可能存在 $22 \times 26 = 572$ 个独立的访问控制列表,所以每个个体用一个长度为 572 的二进制数字串表示,分别用 0 或 1 来表示在边上设置或不设置相应的访问控制规则。在建立了相应的个体后,可以通过算法 3-1,设置不同参数,寻找最优的安全配置。

在此基础上,进行 4 个试验,分别比较不同参数对算法性能的影响。首先比较了参数 ρ_m 对算法性能的影响,在 $N=150$,$G=30$,$\rho_c=0.7$,$\rho_e=0.7$,$z=0.1$ 的条件下,计算不同的 ρ_m 对最优个体查找性能的影响,每组参数重复试验 5 次,结果如表 3-1 所示。其中,最优个体适应度表示在 5 次试验中找到的最优个体,找到最优个体的代数表示在实验中找到适应度为 0.852 3 的个体(最优个体)的代数,"—"表示该组参数中有一次或多次未找到最优个体。

表 3-1　参数 ρ_m 对算法性能的影响

ρ_m	最优个体适应度	找到最优个体的代数
0.01	0.852 3	5.8
0.02	0.852 3	6.6
0.03	0.852 3	7.0
0.04	0.852 3	6.4
0.05	0.852 3	6.8
0.06	0.852 3	8.0
0.07	0.852 3	8.2
0.08	0.852 3	6.4
0.09	0.852 3	7.6
0.1	0.852 3	9.8
0.2	0.851 58	—
0.3	0.841 52	—
0.4	0.833 06	—
0.5	0.828 18	—

其次，我们比较了不同的参数 ρ_c 对算法性能的影响，其他参数设置为 $N=150$，$G=30$，$\rho_e=0.7$，$\rho_m=0.01$，$z=0.1$，结果如表 3-2 所示。

表 3-2　参数 ρ_c 对算法性能的影响

ρ_c	最优个体适应度	找到最优个体的代数
0.1	0.852 3	—
0.2	0.852 3	12.8
0.3	0.852 3	10.0
0.4	0.852 3	8.4
0.5	0.852 3	5.4
0.6	0.852 3	6.6
0.7	0.852 3	4.4
0.8	0.852 3	4.8
0.9	0.852 3	5.2
1	0.852 3	5.2

接着，我们比较了不同的参数 ρ_e 对算法性能的影响，其他参数为 $N=150$，$G=30$，$\rho_c=0.7$，$\rho_m=0.01$，$z=0.1$，结果如表 3-3 所示。

表 3-3　参数 ρ_e 对算法性能的影响

ρ_e	最优个体适应度	找到最优个体的代数
0.1	0.852 3	7.0
0.2	0.852 3	6.2
0.3	0.852 3	5.2
0.4	0.852 3	3.4
0.5	0.852 3	5.4
0.6	0.852 3	4.2
0.7	0.852 3	3.6
0.8	0.852 3	4.6
0.9	0.852 3	8.4
1	0.851 1	—

最后，我们比较了不同的参数 z 对算法性能的影响，其他参数为 $N=150$，$G=30$，$\rho_c=0.7$，$\rho_e=0.4$，$\rho_m=0.01$，结果如表 3-4 所示。

表 3-4　参数 z 对算法性能的影响

z	最优个体适应度	找到最优个体的代数
0.01	0.852 3	3.0
0.02	0.852 3	5.0
0.03	0.852 3	4.0
0.04	0.852 3	5.2
0.05	0.852 3	7.0
0.06	0.852 3	7.2
0.07	0.852 3	8.6
0.08	0.852 3	15.4
0.09	0.852 3	—
0.1	0.852 3	—
0.2	0.851 1	—
0.3	0.851 1	—
0.4	0.845 8	—
0.5	0.841 8	—
0.6	0.839 2	—
0.7	0.825 2	—
0.8	0.823 9	—
0.9	0.821 3	

3.4.3 实验结果分析

通过对算法结果进行分析,可以说明以下两个方面的问题。

(1) 通过智能生成网络安全配置,能够有效减小网络运维脆弱性的威胁

从实验结果可以看出,通过遗传算法能够实现网络安全配置智能生成的功能,而且智能生成的策略较人工设置的策略具有一定优势。如 2.6.2 节所示,人工配置的安全策略,在权限权重向量 W 将所有权限权重均设为 1 时,有 WLN＝0.781,而通过遗传算法能够找到 WLN＝0.852 3 的配置。

(2) 不同参数的设置,对优化结果有着较大的影响

综合表 3-1～表 3-4 的数据可知,当 $\rho_m \leqslant 0.05$，$\rho_c \geqslant 0.6$，$0.4 \leqslant \rho_e \leqslant 0.8$，$z \leqslant 0.07$ 时,算法能够取得比较好的优化效果。在具体参数上,参数 ρ_m 决定着基因变异的概率。从表 3-1 可以看出,当 $\rho_m > 0.1$ 时,算法的性能急剧下降,证明同时对多个基因位进行交叉不利于保留最优样本,影响算法性能。参数 ρ_c 决定两个父代样本交叉的概率。从表 3-2 可以看出,对于选定的父代样本,增加其交叉的概率将有利于快速找到可能的最优样本。参数 ρ_e 决定两个父代基因交叉的概率。从表 3-3 可以看出,找到合适的基因交叉概率有利于提升算法性能,因为交叉概率过低或过高将同时意味着生成的子代和父代太过相似,不利于发现较优样本。参数 z 决定生成的安全策略中允许通过的数据流的数量,从表 3-4 可以看出,当 $z \geqslant 0.3$ 时,算法的性能快速下降,这与实际网络安全管理的经验相符,因为在实际配置安全策略时,需要进行严格的访问控制,只允许较少部分的端口来访问相应的服务。

3.5 基于多域信息的用户角色挖掘

在上一节中,讨论了在网络中如何自动生成访问控制规则,实现网络安全设备的合理配置,但是在实际网络中,很多网络已经预先使用了访问控制模型。在这种情况下,如何合理生成和实施网络安全配置,减弱网络运维脆弱性,即成为需要关注的另外一个问题。

从 3.1.2 节的讨论中可以得知,虽然学术界和工业界提出了一系列有效的角色挖掘算法,但是在挖掘用户角色时,这些算法并没有考虑用户权限之间的相互依赖关系。由网络运维脆弱性的基础理论可知,用户权限之间并不是独立的。那么对于被授予某个角色的用户,他可以利用多域访问控制策略之间未进行联合分析的漏洞,通过执行特定的多域动作序列,绕过可能的访问控制策略,获取本不属于该角色的权限,从而给网络引入额外的安全风险。所以在本章中提出了一种基于多域信息的角色挖掘方法,它通过将相互依赖的权限分配给同一个角色,降低被分配到某个角色的用户获得其他角色的权限的可能性,从而达到提升网络安全管理水平,有效降低网络安全风险的目的。

77

3.5.1　总体框架

本节提出了一个基于多域信息的角色挖掘框架。该框架的目标是将可能的用户权限划分为多个互不相交的子集合,然后将每个子集合里面的权限分配给一个角色。根据用户应该获得的权限分配相应的角色,可以是一个角色,也可以是多个角色。RMMDI 的整体结构如图 3-3 所示。整体框架从底向上被分为三个模块,分别是基本信息获取模块、关系网络构建模块以及用户角色定义模块。基本信息获取模块主要是从目标网络中获取必要的基本信息,主要包括多域实体和多域实体关系等信息;关系网络构建模块是根据这些信息,构建 8 个不同的关系网络,用于用户角色挖掘;用户角色定义模块在关系网络的基础上,应用多视角社团检测算法,将用户权限划分为不同的社团,然后根据这些社团结构定义可能的用户角色。

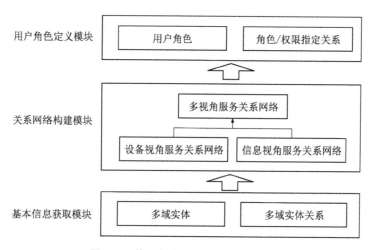

图 3-3　基于多域信息的角色挖掘框架

3.5.2　基本信息获取

基本信息获取模块主要收集网络空间的基本信息,包括物理域、网络域、信息域内的实体和实体关系等信息,它们是关系网络构建的基础。

基本信息获取中的实体主要包括 5 种,分别为空间实体、设备实体、服务实体、信息实体和人员实体。其中,空间实体是物理域实体,表示特定的物理空间,包括城市、校园、楼宇和房间等,所有的空间实体用集合 NS 表示;设备实体同样是物理域实体,表示部署在物理空间内的各种设备,包括交换机、路由器、终端等,所有的设备实体用集合 NO 表示;服务实体是网络域实体,表示所有的主要向外提供服务的网络服务,包括 HTTP 服务、FTP 服务、E-mail 服务等,所有的服务实体用集合 NV 表示;信息实体是信息域实体,表示所有的数字信息,包括密码、数据或数字文件等,所有信息实体用集合 NI 表示;人员实体也是物理域实体,表示所有的网络用户,所有的人员实体用集合 NU

表示。

在基本信息获取模块中,获取的基础的实体关系主要包含 7 种:空间相似关系、设备部署关系、服务访问关系、本地管理关系、远程管理关系、服务支配关系和信息支配关系:

空间相似关系用矩阵 $\boldsymbol{M}^{\mathrm{SS}} \in \mathbf{N}^{S \times S}$ 表示,其中 $S=|\mathrm{NS}|$。$\boldsymbol{M}^{\mathrm{SS}}(i,j)$ 的值由公式(3-3)计算:

$$\boldsymbol{M}^{\mathrm{SS}}(i,j) = \begin{cases} 1, & \text{如果 } i=j \text{ 或 } u(i,j)+u(j,i) > \varepsilon \\ 0, & \text{其他情况} \end{cases} \quad (3\text{-}3)$$

其中,$u(i,j)$ 是能够从物理空间 ns_i 进入物理空间 ns_j 的人数。ε 是一个给定的阈值,其取值范围为 $[0,2U]$,$U=|\mathrm{NU}|$。

设备部署关系用矩阵 $\boldsymbol{M}^{\mathrm{OS}} \in \mathbf{N}^{O \times S}$ 表示,其中 $O=|\mathrm{NO}|$,$S=|\mathrm{NS}|$。$\boldsymbol{M}^{\mathrm{OS}}(i,j)$ 的值由公式(3-4)计算:

$$\boldsymbol{M}^{\mathrm{OS}}(i,j) = \begin{cases} 1, & \text{如果设备 } \mathrm{no}_i \text{ 被部署在空间 } \mathrm{ns}_j \text{ 中} \\ 0, & \text{其他情况} \end{cases} \quad (3\text{-}4)$$

服务访问关系用矩阵 $\boldsymbol{M}^{\mathrm{VO}} \in \mathbf{N}^{V \times O}$ 表示,其中 $V=|\mathrm{NV}|$,$O=|\mathrm{NO}|$。$\boldsymbol{M}^{\mathrm{VO}}(i,j)$ 的值由公式(3-5)计算:

$$\boldsymbol{M}^{\mathrm{VO}}(i,j) = \begin{cases} 1, & \text{如果通过设备 } \mathrm{no}_j \text{ 能够访问服务 } \mathrm{nv}_i \\ 0, & \text{其他情况} \end{cases} \quad (3\text{-}5)$$

本地管理关系用矩阵 $\boldsymbol{M}^{\mathrm{OV\_L}} \in \mathbf{N}^{O \times V}$ 表示,其中 $O=|\mathrm{NO}|$,$V=|\mathrm{NV}|$。$\boldsymbol{M}^{\mathrm{OV\_L}}(i,j)$ 的值由公式(3-6)计算:

$$\boldsymbol{M}^{\mathrm{OV\_L}}(i,j) = \begin{cases} 1, & \text{如果设备 } \mathrm{no}_i \text{ 能够由服务 } \mathrm{nv}_j \text{ 本地管理} \\ 0, & \text{其他情况} \end{cases} \quad (3\text{-}6)$$

远程管理关系用矩阵 $\boldsymbol{M}^{\mathrm{OV\_R}} \in \mathbf{N}^{O \times V}$ 表示,其中 $O=|\mathrm{NO}|$,$V=|\mathrm{NV}|$。$\boldsymbol{M}^{\mathrm{OV\_R}}(i,j)$ 的值由公式(3-7)计算:

$$\boldsymbol{M}^{\mathrm{OV\_R}}(i,j) = \begin{cases} 1, & \text{如果设备 } \mathrm{no}_i \text{ 能够由服务 } \mathrm{nv}_j \text{ 远程管理} \\ 0, & \text{其他情况} \end{cases} \quad (3\text{-}7)$$

服务支配关系用矩阵 $\boldsymbol{M}^{\mathrm{VI}} \in \mathbf{N}^{V \times I}$ 表示,其中 $V=|\mathrm{NV}|$,$I=|\mathrm{NI}|$。$\boldsymbol{M}^{\mathrm{VI}}(i,j)$ 的值由公式(3-8)计算:

$$\boldsymbol{M}^{\mathrm{VI}}(i,j) = \begin{cases} 1, & \text{如果服务 } \mathrm{nv}_i \text{ 的密码为信息 } \mathrm{ni}_j \\ 0, & \text{其他情况} \end{cases} \quad (3\text{-}8)$$

信息支配关系用矩阵 $\boldsymbol{M}^{\mathrm{II}} \in \mathbf{N}^{I \times I}$ 表示,其中 $I=|\mathrm{NI}|$。$\boldsymbol{M}^{\mathrm{II}}(i,j)$ 的值由公

式(3-9)计算:

$$M^{\mathrm{II}}(i,j) = \begin{cases} 1, & \text{如果 } ni_j \rightarrow ni_i \text{ 或者 } ni_i \rightarrow ni_j \\ 0, & \text{其他情况} \end{cases} \tag{3-9}$$

其中,符号 $a \rightarrow b$ 表示信息 a 被信息 b 支配,其含义为存在一个密码为信息 b 的网络服务 $v \in NV$,从这个网络服务中能够得到信息 a。

3.5.3 关系网络构建

关系网络构建模块主要是在获得网络基本信息的基础上,构建相应的基础网络关系,整体流程如图 3-4 所示。在此过程中,共需要构建 8 个不同的网络,其最终目标是形成设备视角服务关系网络、信息视角服务关系网络和多视角服务关系网络,这 3 个网络被称为最终网络,它们将使用在用户角色定义模块中。除了这 3 个网络,还构建了 5 个中间网络,包括本地管理视角设备关系网络、远程管理视角设备关系网络、本地信息视角设备关系网络、远程信息视角设备关系网络和多视角设备关系网络,这 5 个中间网络是构建最终网络的基础。中间网络和最终网络的含义和构建方法如图 3-4 所示。

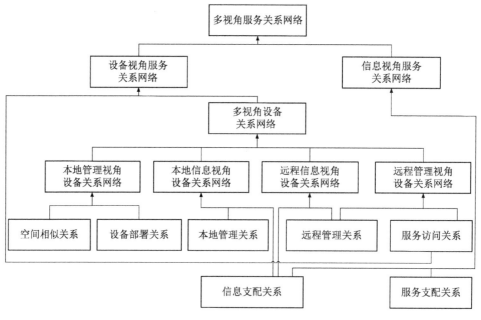

图 3-4 关系网络构建过程

（1）中间网络

上述 5 个中间网络可以用无向有权图来描述,其对应的邻接矩阵为对称矩阵,邻接矩阵的元素大小代表边的权重大小,可以通过 7 个基本的关系矩阵来计算它们的邻接矩阵。

本地管理视角设备关系网络。本地管理视角设备关系网络表示的是,从物理空间或本地管理的视角看到的设备之间的相似关系,其基本思想是:部署在相同或相似空间内的设备,具有比其他设备更高的相似性。该网络的邻接矩阵 $\boldsymbol{A}^{\text{OO\_S}}$ 表示两个设备之间的相似性的大小,它可以通过公式(3-10)计算:

$$\boldsymbol{A}^{\text{OO\_S}} = \boldsymbol{M}^{\text{OS}}\boldsymbol{M}^{\text{SS}}(\boldsymbol{M}^{\text{OS}})^{\text{T}} \tag{3-10}$$

远程管理视角设备关系网络。远程管理视角设备关系网络表示的是从远程设备管理的视角看到的设备之间的相似关系,其基本思想是:能够被相同或相似的网络服务管理的设备,具有比其他设备更高的相似性。该网络的邻接矩阵 $\boldsymbol{A}^{\text{OO\_R}}$ 表示两个设备之间的相似性的大小,它可以通过公式(3-11)计算:

$$\boldsymbol{A}^{\text{OO\_R}} = \boldsymbol{M}^{\text{O\_VR}}\boldsymbol{M}^{\text{VO}} + (\boldsymbol{M}^{\text{O\_VR}}\boldsymbol{M}^{\text{VO}})^{\text{T}} \tag{3-11}$$

本地信息视角设备关系网络。本地信息视角设备关系网络表示的是从本地信息视角看到的设备之间的相似关系,其基本思想是:网络设备的本地管理服务如果具有相同或相似的密码,则认为两个网络设备具有比其他设备更高的相似性。该网络的邻接矩阵 $\boldsymbol{A}^{\text{OO\_IL}}$ 表示两个设备之间的相似性的大小,它可以通过公式(3-12)计算:

$$\boldsymbol{A}^{\text{OO\_IL}} = \boldsymbol{M}^{\text{OV\_L}}\boldsymbol{M}^{\text{VI}}\boldsymbol{M}^{\text{II}}(\boldsymbol{M}^{\text{OV\_L}}\boldsymbol{M}^{\text{VI}})^{\text{T}} \tag{3-12}$$

远程信息视角设备关系网络。远程信息视角设备关系网络表示的是从远程信息视角看到的设备之间的相似关系,其基本思想是:网络设备的远程管理服务如果具有相同或相似的密码,则认为两个网络设备具有比其他设备更高的相似性。该网络的邻接矩阵 $\boldsymbol{A}^{\text{OO\_IR}}$ 表示两个设备之间的相似性的大小,它可以通过公式(3-13)计算:

$$\boldsymbol{A}^{\text{OO\_IR}} = \boldsymbol{M}^{\text{OV\_R}}\boldsymbol{M}^{\text{VI}}\boldsymbol{M}^{\text{II}}(\boldsymbol{M}^{\text{OV\_R}}\boldsymbol{M}^{\text{VI}})^{\text{T}} \tag{3-13}$$

多视角设备关系网络。多视角设备关系网络表示的是综合多个视角看到的设备之间的相似关系。它综合了本地管理角度和远程管理角度的设备相似关系。该网络的邻接矩阵 $\boldsymbol{A}^{\text{OO}}$ 表示两个设备之间的相似性的大小,它可以通过公式(3-14)计算:

$$\boldsymbol{A}^{\text{OO}} = \boldsymbol{A}^{\text{OO\_S}} \cdot \boldsymbol{A}^{\text{OO\_IL}} + \boldsymbol{A}^{\text{OO\_R}} \cdot \boldsymbol{A}^{\text{OO\_IR}} \tag{3-14}$$

其中,符号"·"代表两个矩阵的点乘。

（2）最终网络

在基于多域信息的用户角色挖掘中,其 3 种最终网络同样被描述为无向有权图,它们的邻接矩阵主要由 7 种基本的网络关系和 5 种中间网络计算得到。

设备视角服务关系网络。设备视角服务关系网络表示的是从设备视角看到的网络服务之间的相似关系,其基本思想是:如果两个网络服务能够被同一或相似的网络设备访问,则认为两个网络服务具有比其他服务更高的相似性。该网络的邻接矩阵 $\boldsymbol{A}^{\text{VV\_D}}$ 表示两个网络服务之间的相似性的大小,它可以通过公式(3-15)、公式(3-16)计算:

$$\boldsymbol{A}^{\text{VV\_D}^{*}} = \boldsymbol{M}^{\text{VO}}\boldsymbol{A}^{\text{OO}}(\boldsymbol{M}^{\text{VO}})^{\text{T}} \tag{3-15}$$

$$\boldsymbol{A}^{\text{VV\_D}} = \text{relationFilter}(\boldsymbol{A}^{\text{VV\_D}^{*}}, \lambda) \tag{3-16}$$

其中，$\mathrm{relationFilter}(\boldsymbol{A}^{\mathrm{VV\_D}^*}, \lambda)$ 函数表示只保留矩阵 $\boldsymbol{A}^{\mathrm{VV\_D}^*}$ 中的部分元素，λ 是保留元素的比例，即对于矩阵 $\boldsymbol{A}^{\mathrm{VV\_D}^*}$ 中值最大的 $\lambda \times |\mathrm{NV}| \times |\mathrm{NV}|$ 个元素，保留其原始值，而将其他的元素的值置为 0。

根据公式(3-15)可以看出，设备视角服务关系网络实际上是一个全连接图。在实际的角色挖掘中发现，该图中的一些低权重的边会对角色挖掘结果产生负面影响，从而在角色挖掘过程中，使用函数 $\mathrm{relationFilter}(\boldsymbol{A}^{\mathrm{VV\_D}^*}, \lambda)$ 对值较小的元素进行过滤，也就是对低权重边进行过滤。

信息视角服务关系网络。信息视角服务关系网络表示的是从信息视角看到的网络服务之间的相似关系，其基本思想是：如果两个网络服务具有相同或相似的密码，则认为两个网络服务具有比其他服务更高的相似性。该网络的邻接矩阵 $\boldsymbol{A}^{\mathrm{VV\_I}}$ 表示两个网络服务之间的相似性的大小，它可以通过公式(3-17)计算：

$$\boldsymbol{A}^{\mathrm{VV\_I}} = \mathrm{relationFilter}(\boldsymbol{M}^{\mathrm{VI}}\boldsymbol{A}^{\mathrm{II}}(\boldsymbol{M}^{\mathrm{VI}})^{\mathrm{T}}, \lambda) \tag{3-17}$$

多视角服务关系网络。多视角服务关系网络表示的是，融合多个视角后网络服务之间的相似关系，其通过对设备视角服务关系网络和信息视角服务关系网络进行网络集成的方式获得，它可以通过公式(3-18)计算：

$$\boldsymbol{A}^{\mathrm{VV}} = \boldsymbol{A}^{\mathrm{VV\_D}} + \boldsymbol{A}^{\mathrm{VV\_I}} \tag{3-18}$$

3.5.4 用户角色定义

在构建了所有需要的网络后，在用户角色定义模块，主要通过多视角聚类算法将网络服务权限划分到不同的权限社团，其最终的目标是得到网络中所有的服务权限的一个划分 $C = \{c_1, c_2, \cdots, c_k\}$，然后，对于每一个 $c_i \in C$，可以定义一个相应的用户角色。按照这种方式，所有的网络服务权限被分为 k 个分类，k 是一个预先指定的值，也可以由最大化模块度等算法计算获得。

在权限社团划分上，采用 HE 等人提出的 PCoNMF 聚类算法（pairwise co-regularized NMF clustering algorithm）[66]，该算法主要基于 NMF 算法，其社团发现的优化目标是使得公式(3-19)中的 J 值最小：

$$\begin{aligned} J = {} & \lambda_D \| \boldsymbol{A}^{\mathrm{VV\_D}} - \boldsymbol{W}^{\mathrm{VV\_D}}(\boldsymbol{H}^{\mathrm{VV\_D}})^{\mathrm{T}} \|_F^2 + \lambda_I \| \boldsymbol{A}^{\mathrm{VV\_I}} - \boldsymbol{W}^{\mathrm{VV\_I}}(\boldsymbol{H}^{\mathrm{VV\_I}})^{\mathrm{T}} \|_F^2 \\ & + \lambda_{\mathrm{DI}} \| \boldsymbol{W}^{\mathrm{VV\_D}} - \boldsymbol{W}^{\mathrm{VV\_I}} \|_F^2 \\ & \mathrm{s.\,t.} \ \boldsymbol{H}^{\mathrm{VV\_D}} \geqslant 0, \ \boldsymbol{H}^{\mathrm{VV\_I}} \geqslant 0 \end{aligned} \tag{3-19}$$

优化目标使得公式(3-19)中的 J 值最小，实际上是使得网络服务权限在不同视角下的社团划分尽量相同，即保证无论是从设备的角度看，还是从信息的角度看，在一个社团关系中的用户权限都大概率被同一用户获得，从而保证同一社团内部的用户权限之间的高耦合。

对公式(3-19)进行求解，也借鉴非负矩阵分解（nonnegative matrix factorization，

NMF)算法[67]的经典求解方法,采用交替优化的方法,主要过程如下:

(1) 固定矩阵 W^{VV_D} 和 W^{VV_I},改变矩阵 H^{VV_D} 和 H^{VV_I} 来最小化 J;

(2) 固定矩阵 H^{VV_D} 和 H^{VV_I},改变矩阵 W^{VV_D} 和 W^{VV_I} 来最小化 J;

(3) 交替执行(1)、(2)两步直至达到迭代的最大次数。

综上所述,权限社团检测算法如算法 3-2 所示。

算法 3-2：权限社团检测算法

输入：非负矩阵 A^{VV_D},A^{VV_I};权限社团数量 k;参数 λ_D,λ_I,λ_{DI}

输出：权限社团划分 $C = \{c_1, c_2, \cdots, c_k\}$

1：初始化矩阵 $W^{VV\_D} \geq 0$,$H^{VV\_D} \geq 0$,$W^{VV\_I} \geq 0$,$H^{VV\_I} \geq 0$

2：While 目标函数不收敛或迭代次数小于预定的最大次数

3：begin

4：　按照规则更新矩阵 H^{VV_D}：

$$H^{VV\_D} \leftarrow H^{VV\_D} \cdot \frac{(W^{VV\_D})^T A^{VV\_D}}{(W^{VV\_D})^T W^{VV\_D} A^{VV\_D}}$$

5：　按照规则更新矩阵 H^{VV_I}：

$$H^{VV\_I} \leftarrow H^{VV\_I} \cdot \frac{(W^{VV\_I})^T A^{VV\_I}}{(W^{VV\_I})^T W^{VV\_I} A^{VV\_I}}$$

6：　按照规则更新 W^{VV_D}：

$$W^{VV\_D} \leftarrow W^{VV\_D} \cdot \frac{\lambda_D A^{VV\_D}(H^{VV\_D})^T + \lambda_{DI} W^{VV\_I}}{\lambda_D W^{VV\_D} H^{VV\_D}(H^{VV\_D})^T + \lambda_{DI} W^{VV\_D}}$$

7：　按照规则更新 W^{VV_I}：

$$W^{VV\_I} \leftarrow W^{VV\_I} \cdot \frac{\lambda_I A^{VV\_I}(H^{VV\_I})^T + \lambda_{DI} W^{VV\_D}}{\lambda_I W^{VV\_I} H^{VV\_I}(H^{VV\_I})^T + \lambda_{DI} W^{VV\_I}}$$

8：　end while

9：　根据矩阵 W^{VV_D},将节点划分权限社团 $C = \{c_1, c_2, \cdots, c_k\}$

10：　return $C = \{c_1, c_2, \cdots, c_k\}$

3.6　用户角色挖掘算法实验评估

3.6.1　实验环境

为了验证基于多域信息的用户角色挖掘的有效性,建立相应的模拟实验环境,该实验环境是对图 2-12 所示的网络的一个扩展,扩展后的网络环境如图 3-5 所示:

相较于图 2-12 所示的网络,该网络主要在网络终端数量上进行了扩展,由 5 台扩展到 13 台。相应地,对物理空间的数量也进行了扩展。

扩展后,所有的物理设备分布在 3 个楼宇内的 12 个房间。其中,9 台设备被部署在楼宇 1 内,其中终端 1、终端 2、终端 3 被部署在房间 1-1 中;终端 4、终端 5 被部署

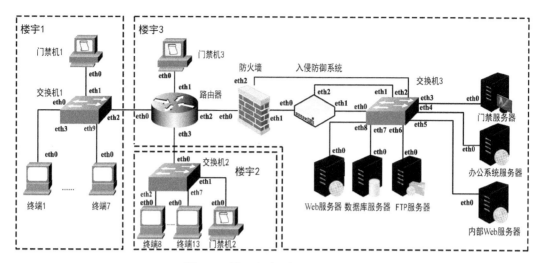

图 3-5　模拟实验网络结构示意图

在房间 1-4 中;终端 6 和终端 7 被部署在房间 1-5 中;交换机 1 被部署在房间 1-2 中;门禁机 1 被部署在楼宇 1 内的大厅(房间 1-3)内。8 台设备被部署在楼宇 2 内,其中终端 8、终端 9 被部署在房间 2-1 内;终端 10 和终端 11 被部署在房间 2-4 内;终端 12 和终端 13 被部署在房间 2-5 内;交换机 2 被部署在房间 2-2 中;门禁机 2 被部署在楼宇 2 内的大厅(房间 2-3)内。11 台设备部署在楼宇 3 内,路由器、防火墙、入侵防御系统、交换机 3 和所有的服务器被部署在机房(房间 3-1)内;门禁机 3 被部署在楼宇 3 内的大厅(房间 3-2)内。

与图 2-12 所示的网络相比,本网络中的网络服务增加了 8 个管理服务(为每一个增加的终端提供管理服务),使得网络中存在的服务增加到 34 个,包括 28 个管理服务和 6 个业务服务。每一台设备均提供一个管理服务,其中终端和服务器提供远程桌面服务;网络设备提供 SSH 远程管理服务;安全设备提供基于 Web 的管理服务。业务服务依然只有 6 个,包括 Web 服务器和内部 Web 服务器上的 Web 服务、数据库服务器上的数据库服务、门禁服务器上的门禁认证服务、FTP 服务器上的文件共享服务,以及办公系统服务器上的文件流转服务。

网络中涉及 33 条密码信息。其中,Web 服务器上的 Web 服务(WS_W)可以被所有人员访问,未设置密码;办公系统服务器上的文件流转服务为每一个人平均分配了一个密码,也可以认为没有设置密码,在分析过程中,认为两个服务的密码为 NULL。除此之外,其他网络服务均设置了 1 个密码。该网络多域基本信息如表 3-5 所示。

表 3-5　模拟实验环境多域基本信息

序号	设备名称	部署地点	网络服务	访问密码
1	终端1(T1)	房间 1-1(R1-1)	终端 1 管理(T1_M)	T1_M_P
2	终端2(T2)	房间 1-1(R1-1)	终端 2 管理(T2_M)	T2_M_P

（续表）

序号	设备名称	部署地点	网络服务	访问密码
3	终端 3(T3)	房间 1-1(R1-1)	终端 3 管理(T3_M)	T3_M_P
4	终端 4(T4)	房间 1-4(R1-4)	终端 4 管理(T4_M)	T4_M_P
5	终端 5(T5)	房间 1-4(R1-4)	终端 5 管理(T5_M)	T5_M_P
6	终端 6(T6)	房间 1-5(R1-5)	终端 6 管理(T6_M)	T6_M_P
7	终端 7(T7)	房间 1-5(R1-5)	终端 7 管理(T7_M)	T7_M_P
8	终端 8(T8)	房间 2-1(R2-1)	终端 8 管理(T8_M)	T8_M_P
9	终端 9(T9)	房间 2-1(R2-1)	终端 9 管理(T9_M)	T9_M_P
10	终端 10(T10)	房间 2-4(R2-4)	终端 10 管理(T10_M)	T10_M_P
11	终端 11(T11)	房间 2-4(R2-4)	终端 11 管理(T11_M)	T11_M_P
12	终端 12(T12)	房间 2-5(R2-5)	终端 12 管理(T12_M)	T12_M_P
13	终端 13(T13)	房间 2-5(R2-5)	终端 13 管理(T13_M)	T13_M_P
14	门禁机 1(GM1)	房间 1-3(R1-3)	门禁机 1 管理(G1_M)	G1_M_P
15	门禁机 2(GM2)	房间 2-3(R2-3)	门禁机 2 管理(G2_M)	G2_M_P
16	门禁机 3(GM3)	房间 3-2(R3-2)	门禁机 3 管理(G3_M)	G3_M_P
17	交换机 1(Switch1)	房间 1-2(R1-2)	交换机 1 管理(S1_M)	S1_M_P
18	交换机 2(Switch2)	房间 2-2(R2-2)	交换机 2 管理(S2_M)	S2_M_P
19	交换机 3(Switch3)	房间 3-1(R3-1)	交换机 3 管理(S3_M)	S3_M_P
20	路由器(Router)	房间 3-1(R3-1)	路由器管理(R_M)	R_M_P
21	防火墙(Firewall)	房间 3-1(R3-1)	防火墙管理(F_M)	F_M_P
22	入侵防御系统(IPS)	房间 3-1(R3-1)	IPS 管理(IPS_M)	IPS_M_P
23	Web 服务器(Wserver)	房间 3-1(R3-1)	Web 服务(WS_W)	—
24	Web 服务器(Wserver)	房间 3-1(R3-1)	Web 服务器管理(WS_M)	WS_M_P
25	数据库服务器(Dserver)	房间 3-1(R3-1)	数据库服务(DS_D)	DS_D_P
26	数据库服务器(Dserver)	房间 3-1(R3-1)	数据库服务器管理(DS_M)	DS_M_P
27	FTP 服务器(Fserver)	房间 3-1(R3-1)	FTP 服务(FS_F)	FS_F_P
28	FTP 服务器(Fserver)	房间 3-1(R3-1)	FTP 服务器管理(FS_M)	FS_M_P
29	门禁服务器(Gserver)	房间 3-1(R3-1)	门禁认证服务(GS_T)	GS_T_P
30	门禁服务器(Gserver)	房间 3-1(R3-1)	门禁服务器管理(GS_M)	GS_M_P
31	办公系统服务器(Oserver)	房间 3-1(R3-1)	办公系统服务(OS_W)	—
32	办公系统服务器(Oserver)	房间 3-1(R3-1)	办公系统服务器管理(OS_M)	OS_M_P
33	内部 Web 服务器(Iserver)	房间 3-1(R3-1)	内部 Web 服务(IS_W)	IS_W_P
34	内部 Web 服务器(Iserver)	房间 3-1(R3-1)	内部 Web 服务器管理(IS_M)	IS_M_P

在该网络中,共涉及 13 个用户,分别使用终端 1 到终端 13,知晓密码 T1_M_P 到 T13_M_P。通过使用自顶向下的用户角色挖掘方法,网络安全管理员可以为其业务信息定义 5 个角色,并将除终端管理服务外的 21 个网络服务权限分配给相应的角色,这 5 个角色分别是普通用户、服务器管理员、数据库管理员、网络管理员和安全管理员。每个角色对应的服务权限如表 3-6 所示。

表 3-6　自顶向下方法定义的角色权限分配

角色	权限
普通用户	WS_W, OS_W
服务器管理员	WS_M, FS_M, GS_M, OS_M, IS_M, DS_M, IS_W
数据库管理员	DS_D
网络管理员	S1_M, S2_M, S3_M, R_M, FS_F
安全管理员	F_M, IPS_M, G1_M, G2_M, G3_M, GS_T

3.6.2　基准方法

为了说明本章所提的方法的有效性,选择了一些经典的算法作为比对的基准方法,这些基准方法主要分为两类:第一类是聚类算法,主要包括 2 个单视角聚类方法和 4 个多视角聚类方法;第二类是传统的角色挖掘算法,主要包括 ORCA、CM、HPr 和 HPe 等四种角色挖掘方法。

(1) 聚类算法

谱聚类[68]。谱聚类是一个经典的单视角聚类算法,它主要利用数据相似矩阵的特征值进行降维,然后在更小的维数下进行聚类。谱聚类可以理解为将高维空间的数据映射到低维,然后在低维空间用其他聚类算法(如 K-Means)进行聚类。谱聚类的基本输入是数据之间的相似矩阵,它表示数据集中每对数据之间的距离度量。如果两个数据之间的相似度较高,则它们的距离较近;反之,如果两个数据之间的相似度较低,则它们的距离较远。

对称非负矩阵分解(SymNMF)[69]算法是一个基于非负矩阵分解的聚类算法,与传统的非负矩阵分解(NMF)算法将矩阵分解为两个低秩矩阵的乘积不同,对称非负矩阵分解将输入限定为一个对称矩阵,也将其分解为一个低秩矩阵与其转置的乘积。

PCoSpec 算法和 CCoSpec 算法[70]是两个基于谱聚类的多视角正则化聚类方法。PCoSpec 采用成对的正则化约束,使每对视角的特征向量两两相似;而 CCoSpec 采用基于中心的正则化约束,使多个视角的特征向量与同一中心特征向量相似,即具有相同的中心。

CCoNMF 算法[66]是与 PCoNMF 同时提出的另外一种算法,其与 PCoNMF 的主要不同是它不再约束视角之间两两相似,而是通过添加正则化项,使得多个视角能够与同一中心视角相似,从而能够得到一个统一的聚类结果。

RMSC 算法[71]是一个基于马尔可夫链的多视角谱聚类算法,它首先对于每一个视角显式地构建一个转移概率矩阵,然后提取出一个低秩的转移概率矩阵,最后使用马尔可夫链来进行聚类。

（2）角色挖掘算法

ORCA 算法[72]是第一个角色挖掘算法,利用层次聚类技术发现用户角色。该算法首先将每个权限定义为一个初始集群,然后合并集群并形成一个角色层次结构。

完全挖掘(CM)算法[53]是 2006 年提出的另一种经典角色挖掘算法。它首先为不同的用户权限集创建一组初始角色,然后计算所有可能的初始角色交集,并输出候选角色列表。

惠普角色最小化(HPr)算法和惠普边最小化(HPe)算法[56]是基于最小二分图覆盖的角色挖掘算法。HPr 试图找到覆盖用户权限分配关系的最小角色集,而 HPe 使用启发式方法找到 RBAC 系统的最小边数。

3.6.3　场景构建

在图 3-5 所示的实验环境的基础上构建了三种场景,分别命名为场景 1(S1)、场景 2(S2)和场景 3(S3)。对于每一个场景,需要完成基础的角色指定、网络空间配置等工作,从而得到不同的网络空间配置,形成不同的用户角色挖掘环境。

在角色指定阶段,主要是将表 3-6 所示的用户角色指定给不同的用户,3 个场景中用户角色的指定如表 3-7 所示。在场景 1 下,每个用户只被指定了一个用户角色;在场景 2 中,除 user1、user2、user3 外,每个用户被指定两个用户角色;在场景 3 中,除 user1、user2、user3 外,工作在同一个房间内的用户被指定了不同的用户角色。

表 3-7　用户角色分配表

场景	普通用户	服务器管理员	数据库管理员	网络管理员	安全管理员
S1	User1, User2, User3	User4, User5	User6, User7	User8, User9, User10, User11	User12, User13
S2	所有用户	User7, User8	User11, User12, User13	User4, User5, User6	User9, User10
S3	User1, User2, User3, User5, User6, User9, User10, User13	User4, User7	User8	User 11	User12

在网络空间配置阶段,主要是根据在每一个场景中,根据用户能够进入物理空间的权限来配置门禁机,根据终端能够访问服务器的权限来配置防火墙,根据用户需要访问某个服务的需求分配服务密码。例如:在场景 1 中,用户 User1 能够使用终端 1,而且被分配为普通用户,则在门禁机 1 上配置相应的策略,允许 User1 进入楼宇 1,然后在防

火墙上配置策略,允许终端 1 访问 Web 服务器上的服务 WS_W 和 OS_W。同样地,在场景 2 中,用户 User7 能够使用终端 7,而且被同时指定为普通用户和服务器管理员,那么需要在门禁机 1 上允许 User7 进入楼宇;在防火墙上允许终端 7 访问网络服务 WS_W、OS_W、WS_M、FS_M、GS_M、OS_M、IS_M、DS_M 和 IS_W;并为 User7 分配密码 WS_M_P、FS_M_P、GS_M_P、OS_M_P、IS_M_P、DS_M_P 和 IS_W_P。

3.6.4 角色挖掘

针对每一个场景,根据 RMMDI 框架进行角色挖掘,按照相关步骤可以分为基本信息获取、关系网络构建和用户角色定义三个步骤。

在基本信息获取中,主要是提取网络基本信息。三个场景均包含 16 个空间实体、28 个设备实体、34 个服务实体、33 个信息实体和 13 个用户实体。实体关系 $\boldsymbol{M}^{OS} \in \mathbf{R}^{28 \times 16}$、$\boldsymbol{M}^{VI} \in \mathbf{R}^{34 \times 32}$、$\boldsymbol{M}^{OV\_L} \in \mathbf{R}^{28 \times 34}$ 和 $\boldsymbol{M}^{OV\_R} \in \mathbf{R}^{28 \times 34}$ 等与网络基础信息相关的关系矩阵在 3 个场景中均保持不变。根据实际情况可知,$\|\boldsymbol{M}^{OS}\|_0 = \|\boldsymbol{M}^{OV\_L}\|_0 = \|\boldsymbol{M}^{OV\_R}\|_0 = 28$,$\|\boldsymbol{M}^{VI}\|_0 = 34$,其中 $\|\boldsymbol{A}\|_0$ 表示矩阵 $\boldsymbol{A}$ 的 L0 范数,即矩阵中非 0 的值的个数。

矩阵 $\boldsymbol{M}^{SS} \in \mathbf{R}^{16 \times 16}$ 在各个场景中不同,需要根据门禁系统的不同而建立,对于一个物理空间地址对 (S_1, S_2),计算能够从空间 S_1 移动到空间 S_2 的人数,并设置阈值 $\varepsilon = 14$,最终在场景 1 和场景 2 下,有 $\|\boldsymbol{M}^{SS}\|_0 = 46$,在场景 3 下,有 $\|\boldsymbol{M}^{SS}\|_0 = 42$。

与其类似,矩阵 $\boldsymbol{M}^{VO} \in \mathbf{R}^{34 \times 28}$ 在各个场景中的值也不同,需要根据防火墙配置的不同而建立,在构建该矩阵时,对每个可能的地址服务对 (n, s),其中 n 为所有可能的接口地址,s 为可能的网络服务,通过分析网络路径,得到网络接口和网络服务之间的可达性。根据三个场景中不同的配置分别建立矩阵 $\boldsymbol{M}^{VO}$,在场景 1 中,有 $\|\boldsymbol{M}^{VO}\|_0 = 549$,在场景 2 中,有 $\|\boldsymbol{M}^{VO}\|_0 = 566$,在场景 3 中,有 $\|\boldsymbol{M}^{VO}\|_0 = 548$。

在关系网络构建中,主要是对 5 个中间网络和 3 个最终网络进行构建。构建的过程主要是根据公式(3-10)~公式(3-18)对网络邻接矩阵分别进行计算。在用户角色定义中,主要是根据算法 3-2 对可能的网络服务权限进行社团划分,得到社团划分结果并定义角色。

3.6.5 实验结果

定义了用户角色后,将角色挖掘结果与两组基准方法进行对比。一方面,将采取 RMMDI 挖掘得到的用户角色与通过传统角色挖掘算法得到的结果进行比较,后者的输入为在不同场景下,根据防火墙配置得到的用户权限对应矩阵;另一方面,分别在 RMMDI 中使用不同的聚类算法,学习最佳的参数并比较不同聚类算法的性能,在参数选择过程中,采取准确率和 NMI 作为评价算法性能的指标,在最终进行算法性能比较时引入聚类 F1 值作为评价指标。

(1)角色挖掘结果

首先,在各个场景下,分别根据防火墙配置信息得到相应的用户权限对应矩阵。在该矩阵的构建过程中,首先根据防火墙的配置,构建终端和服务器之间的可达性;然后根据终端和用户之间的使用关系,得到 3 个不同的 **UPA** 矩阵,因为希望能够得到一些不相交的用户权限集合,所以使用 $\boldsymbol{W}=\langle1,1,1,\infty,\infty\rangle$ 作为优化目标。表 3-8～表 3-10 分别列出了不同角色挖掘算法在不同场景下的角色挖掘结果。

表 3-8　场景 1 下各基准方法角色挖掘结果

角色挖掘方法	角色 1 对应权限	角色 2 对应权限	角色 3 对应权限	角色 4 对应权限	角色 5 对应权限
ORCA CM HPr HPe	WS_W OS_W	WS_M FS_M GS_M OS_M IS_M DS_M IS_W	DS_D	S1_M S2_M S3_M R_M FS_F	F_M IPS_M GS_T

表 3-9　场景 2 下各基准方法角色挖掘结果

角色挖掘方法	角色 1 对应权限	角色 2 对应权限	角色 3 对应权限	角色 4 对应权限	角色 5 对应权限
HPr	WS_W OS_W	WS_W OS_W WS_M FS_M GS_M OS_M IS_M DS_M IS_W	WS_W OS_W DS_D	WS_W OS_W S1_M S2_M S3_M R_M FS_F	WS_W OS_W F_M IPS_M GS_T
ORCA CM HPe	WS_W OS_W	WS_M FS_M GS_M OS_M IS_M DS_M IS_W	WS_W OS_W DS_D	S1_M S2_M S3_M R_Ma FS_F	F_M IPS_M GS_T

表 3-10　场景 3 下各基准方法角色挖掘结果

角色挖掘方法	角色 1 对应权限	角色 2 对应权限	角色 3 对应权限	角色 4 对应权限	角色 5 对应权限
HPr ORCA CM HPe	WS_W OS_W	WS_M FS_M GS_M OS_M IS_M DS_M IS_W	DS_D	S1_M S2_M S3_M R_M FS_F	F_M IPS_M GS_T

接下来,使用 RMMDI($k=5$)在所有场景下对角色进行挖掘,每个场景挖掘 100 次,然后对角色挖掘的结果进行统计。在三个场景下,最频繁出现的角色挖掘结果是相同的(在 300 次挖掘中出现了 222 次),如表 3-11 所示。将其挖掘结果与表 3-6 进行对比,统计在两个表中属于不同角色的网络服务权限,发现共有 18 个权限 572 次被分配到其他角色中,其中被分配次数最多的两个权限为 DS_D(282 次)和 GS_T(258 次)。

表 3-11 RMMDI 角色挖掘结果($k=5$)

角色挖掘方法	角色 1 对应权限	角色 2 对应权限	角色 3 对应权限	角色 4 对应权限	角色 5 对应权限
RMMDI	WS_W OS_W	WS_M FS_M GS_M OS_M IS_M DS_M IS_W DS_D	GS_T	S1_M S2_M S3_M R_M FS_F	F_M IPS_M

最后,更改角色数量 $k=4$,使用 RMMDI 重新对所有场景进行角色挖掘,每个场景挖掘 100 次,然后对角色挖掘的结果进行统计。在三个场景下,最频繁出现的角色挖掘结果依旧是相同的(在 300 次挖掘中出现了 222 次),如表 3-12 所示。

表 3-12 RMMDI 角色挖掘结果($k=4$)

角色挖掘方法	角色 1 对应权限	角色 2 对应权限	角色 3 对应权限	角色 4 对应权限
RMMDI	WS_W OS_W	WS_M FS_M GS_M OS_M IS_M DS_M IS_W DS_D	S1_M S2_M S3_M R_M FS_F	F_M IPS_M GS_T

(2) 参数学习结果

在本节中,主要是通过试验学习各个聚类算法,以及 RMMDI 中涉及的参数。为了得到更好的参数,开展一系列试验,本节所有试验在场景 2 下完成(角色数量 $k=4$)。在算法的准确率和 NMI 计算上,采取的标准角色如表 3-12 所示。

首先,通过试验学习一系列在基准方法内使用的参数,包括 PCoSpec 算法中的参数 λ_{p_spec},CCoSpec 算法中使用的参数 $\lambda_{c\_spec\_D}$ 和 $\lambda_{c\_spec\_1}$,以及 RMSC 算法中使用的参数 λ_{rmsc}。对于每个参数,从 0.005 开始,直至 100,使用步长 0.05 均匀选择参数值,对于每个参数试验 30 次,比较算法在不同参数下的性能指标,发现当 $\lambda_{p\_spec}=0.15$,$\lambda_{c\_spec\_D}=8$,

$\lambda_{c\_spec\_I} = 1$ 和 $\lambda_{rmsc} = 0.15$ 时，上述算法具有相对较好的性能。

然后，通过试验学习一系列在 PCoNMF 和 CCoNMF 的参数，主要包括 λ_D、λ_I 和 λ_{DI} 等 3 个参数。λ_D 和 λ_I 分别表示在多视角社团发现中，视角 A^{VV_D} 和 A^{VV_I} 的权重，λ_{DI} 是正则化参数，表示不同视角中权限社团之间的相似性的权重。在试验中，首先设定 $\lambda_{DI} = 1$，然后分别在 $0.02 \sim 10$ 之间，挑选 27 组不同的 λ_D 与 λ_I 的比值，在每个比值下分别运行算法 50 次，并计算平均的准确率和 NMI 值，其结果如图 3-6 所示，从中发现当 $\lambda_D/\lambda_I < 1$ 时，算法具有相对比较好的性能。在后面的试验中，选择 $\lambda_D = 1$，$\lambda_I = 3$。

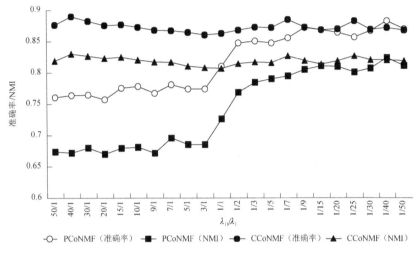

图 3-6　PCoNMF 和 CCoNMF 在不同 λ_D/λ_I 下的性能

接着，试验不同的 λ_{DI} 值对算法性能的影响，分别在 0.1 和 10 之间，选择 14 个不同的 λ_{DI}，计算在该参数下 PCoNMF 和 CCoNMF 两个算法的准确率和 NMI，其结果如图 3-7 所示。

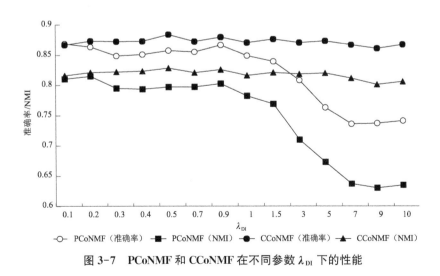

图 3-7　PCoNMF 和 CCoNMF 在不同参数 λ_{DI} 下的性能

最后,评估 RMMDI 中的参数 λ 对算法性能的影响。在试验中,均匀选择位于 0.05~1 之间的 20 个值,对于每个参数,每个算法分别运行 50 次,用于比较所有算法的性能。在这个过程中,各类算法中涉及的参数按照上述试验提及的最优值设置。其结果如图 3-8 所示。通过试验发现,当 λ 值在 0.3 左右时,准确率和 NMI 均有较好的性能,所以在后期试验中,选择 λ＝0.3。

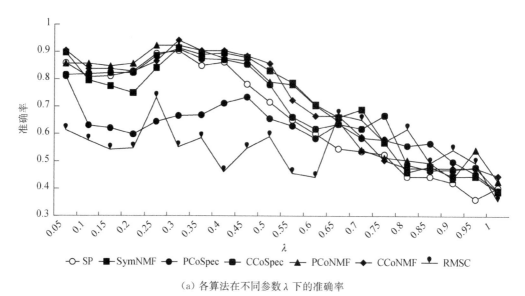

（a）各算法在不同参数 λ 下的准确率

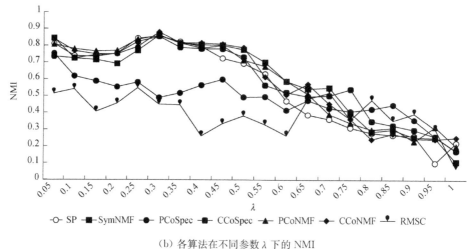

（b）各算法在不同参数 λ 下的 NMI

图 3-8　各算法在不同参数 λ 下的性能

（3）聚类结果

根据参数学习中得到的最优参数设置,深入比较了各个聚类算法的性能。对每个场景,每个算法分别运行 200 次,记录相应的运行时间,然后将运行结果和基准结果相对比,计算相应的准确率、聚类 F1 值、NMI 和执行时间,结果如表 3-13~表 3-16 所示。在该结果中,对于两个单视角聚类算法 SP 和 SymNMF,表中所列的值为分别输入 3 个最终矩阵（A^{VV}、A^{VV_D} 和 A^{VV_I}）相应指标的最大值。

表 3-13　各场景下不同算法的准确率

场景	SP	SymNMF	PCoSpec	CCoSpec	PCoNMF	CCoNMF	RMSC
S1	0.857	0.848	0.659	0.734	0.871	0.869	0.566
S2	0.781	0.848	0.645	0.737	0.882	0.872	0.632
S3	0.791	0.867	0.658	0.768	0.903	0.897	0.630

表 3-14　各场景下不同算法的聚类 F1 值

场景	SP	SymNMF	PCoSpec	CCoSpec	PCoNMF	CCoNMF	RMSC
S1	0.783	0.756	0.531	0.652	0.791	0.789	0.438
S2	0.673	0.750	0.517	0.647	0.794	0.792	0.489
S3	0.710	0.783	0.531	0.673	0.820	0.810	0.504

表 3-15　各场景下不同算法的 NMI

场景	SP	SymNMF	PCoSpec	CCoSpec	PCoNMF	CCoNMF	RMSC
S1	0.787	0.760	0.552	0.659	0.788	0.787	0.411
S2	0.657	0.751	0.541	0.651	0.790	0.791	0.489
S3	0.735	0.790	0.567	0.678	0.824	0.815	0.499

表 3-16　各场景下不同算法的执行时间

场景	SP	SymNMF	PCoSpec	CCoSpec	PCoNMF	CCoNMF	RMSC
S1	0.017 7	0.011 0	0.137 3	0.124 9	0.853 1	1.156 9	0.058 1
S2	0.013 6	0.010 4	0.097 4	0.110 8	0.851 9	1.086 5	0.044 1
S3	0.012 8	0.009 8	0.093 2	0.102 9	0.850 2	1.240 2	0.023 4

3.6.6　结果分析

通过对算法结果进行分析，可以说明三个方面的问题：

（1）RMMDI 能够有效地从多域信息中挖掘用户角色

在三个实验场景中，不同的用户被指定了不同的用户角色。一个用户可以被指定一个或多个角色，一个角色可以被指定给不同的用户。通过表 3-13～表 3-15，可以发现 RMMDI 在三个不同的场景下的准确率均超过 87.0%，聚类 F1 值均超过 79.0%，NMI 均超过 78.5%，这说明该框架能够从网络空间的多域信息中成功挖掘出合适的用户角色。

（2）相较于传统的角色挖掘算法，RMMDI 能够更为有效地挖掘角色

比较传统的角色挖掘算法在各个场景下的挖掘结果（如表 3-8～表 3-10 所示），可

以发现传统的角色挖掘算法在各个场景下的角色挖掘结果基本一致,仅仅 HPr 算法在场景 2 下,倾向于将 WS_W 和 OS_W 两个权限增加到所有的角色之中。这些方法得到的角色挖掘结果与自顶向下的方法中所定义的(表3-6)完全一致,这表示这些传统的方法无法发现自顶向下方法中的问题。

但是,RMMDI 却得到了不一样的结果,对比表 3-11、表 3-12 与表 3-6 的结果可知,当同样将网络服务权限划分给 5 个角色时,RMMDI 将网络服务 DS_D 的权限与其他的服务器管理权限同时划分给一个角色,而将 GS_T 权限单独分配给一个角色;而当将网络服务权限划分给 4 个角色时,直接将 DS_D 权限与其他的服务器管理权限同时划分给一个角色。对网络空间具体环境进行分析可知,获得了服务器管理权的用户能够成功地访问数据库服务 DS_D,因为其一方面能够通过管理的服务器而不是使用的终端访问数据库服务 DS_D,成功绕过了访问控制策略;另一方面能够从 Web 服务器上的配置文件得到该服务的密码,从而绕过了信息域的防护策略。所以,将服务器的管理权限和数据库服务权限合并更为合理,而这个趋势没有办法被传统的角色挖掘方法发现。

（3）RMMDI 具有良好的算法性能

通过表 3-8～表 3-10 所示的试验结果发现,不同的聚类算法在性能上的表现具有较大差异。在准确率和 NMI 两个指标中,PCoNMF 算法在所有的场景上均表现出最好的性能,比最差的算法提升 50%,这意味着选择合适的聚类算法能够有效地提升 RMMDI 的性能。相较于单视角聚类算法,PCoNMF 将准确率和 NMI 均提升 1% 以上,也就是说,采取多视角聚类算法能够比单视角聚类算法获得更多的社团结构信息,算法具有更好的鲁棒性。

在 RMMDI 中,共有 4 个参数 λ_D、λ_I、λ_{DI} 和 λ,合理地选择参数同样将有效提升框架的性能。参数 λ_D 和 λ_I 分别是两个视角 $\boldsymbol{A}^{VV\text{-}D}$ 和 $\boldsymbol{A}^{VV\text{-}I}$ 的权重,通过图 3-6 可知,当 $\lambda_D/\lambda_I < 1$ 时,算法具有相对比较好的性能,也就是说,视角 $\boldsymbol{A}^{VV\text{-}I}$ 拥有更多的社团结构信息,在权限社团发现中具有更重要的地位。参数 λ_{DI} 表示两个视角之间的社团结构的相似程度,一个太小的 λ_{DI} 将不能在两个视角的社团结构之间建立联系,无法体现出多视角聚类算法的优势;而一个较大的 λ_{DI} 将使得算法过于关注两个视角间社团关系的联系,从而减少了对原有社团结构分解准确性的限制,这个趋势也体现在图 3-7。最后一个参数 λ 主要使用在函数 relationFilter(G,λ) 中,表示保留原图中的边的比例,一个太小的 λ 值将保留较少的连接,丢失更多的节点之间的相似关系,而一个太大的 λ 值将保留更多的低权重的连接,这些连接使得算法将关注更多的弱关联连接,从而降低算法的准确率。

3.7　小结

在本章中,主要讨论如何利用人工智能的方法生成网络安全配置。在这个过程中,围绕网络访问控制策略的生成提出了网络安全配置智能生成框架,进而讨论了基于遗传算法的访问控制规则生成和基于多域信息的用户角色挖掘两种方法。结果表明,两种方法都能够找到更为合理的网络安全配置,能够有效降低目标网络因网络安全设备配置不当而引发的风险。

第 4 章　网络安全策略生成智能化

针对网络运维策略实施的成本、实施的前提和实施的负面作用所引入的网络运维策略脆弱性,在目前的网络安全书籍中讨论甚少,本章在充分讨论了网络用户、网络运维者和网络攻击者等三类用户参与的网络空间多方博弈模型的基础上,针对面向对抗的网络安全防护策略智能生成和面向未知威胁的分布式拒绝服务攻击防护两个场景,对网络安全策略的智能化生成进行了讨论。

4.1　运维视角下的网络对抗与博弈

正如第 1 章所定义的,网络运维策略脆弱性主要指由于实施不合理的网络运维策略而产生的网络脆弱性。在这个过程中,首先要对能够对网络空间安全状态产生影响的用户进行分析,进而建立对应的网络博弈模型,对运维视角下的网络对抗与博弈进行定义。

4.1.1　网络空间对抗与博弈

博弈论是一种基于事前的决策分析理论,近年来已被应用于网络安全相关的研究中。按照建模类型分类,现有网络空间对抗模型可以分为静态博弈、动态博弈、演化博弈以及结合图论的博弈等。其中,静态博弈是指在博弈中,参与人同时选择或虽非同时选择但后行动者并不知道先行动者采取了什么具体行动,常用的模型主要包含斯塔伯克博弈、贝叶斯博弈、随机博弈、零和博弈等;动态博弈是指在博弈中,参与人的行动有先后顺序,且后行动者能够观察到先行动者所选择的行动,常用的模型主要包含微分博弈、基于马尔可夫判决的博弈、递阶对策博弈等;演化博弈则主要关注描述对抗和博弈策略随着攻击与防御实力的改变而不断演化的过程;结合图论的博弈,主要能够更为准确地建模网络攻击状态变化,可以更加清晰地刻画攻防对抗及演化过程中策略转移和攻防平衡态的演变。

在现有的网络博弈模型的建立过程中,常常将网络对抗过程建模成网络攻击者和网络防御者二者之间的对抗,其中网络攻击者采取攻击技术,利用网络脆弱性增加目标网络安全风险,对目标网络实施控制和破坏,并持续评估网络攻击效果;而网络防御者则利用防御技术弥补网络脆弱性,降低网络安全风险,对己方网络持续进行控制或保护,并根据攻击者对网络的入侵程度来评估防御能力。该过程如图 4-1 所示。

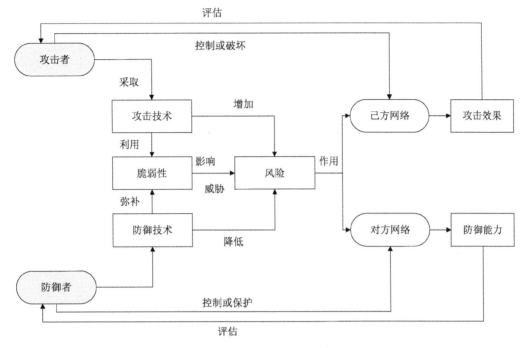

图 4-1 传统视角下攻防双方决策依赖关系

在传统视角下,网络空间中的攻击者和防御者是直接面对面的对抗关系。为了能够更好地弥补网络中存在的脆弱性,降低网络攻击面,防御者最好的策略是关闭网络中所有有价值的服务、删除所有有价值的数据,这显然不适用于真实的网络空间,所以在网络运维的视角下,增加了一个角色:网络用户,能够更真实地描述网络攻防博弈之间的关系。所以,从网络运维的角度看,网络对抗与博弈的参与者主要有三种,分别是网络运维者、网络攻击者和网络用户。

- 网络运维者。网络运维者是整个网络的维护管理人员,网络运维者并不等同于传统意义上的网络防御者。网络防御者的首要目的是组织网络攻击者对网络的渗透和攻击,而网络运维者的首要目的是维护网络的正常运行,为网络用户提供更好的服务。当然这个服务里面包括各种类型的安全服务,但是,保障网络的安全性并不是网络运维者的首要目的,在一定程度上,网络运维者会为了维护网络正常运行而在安全性上进行部分妥协。
- 网络攻击者。网络攻击者的主要目的是对网络进行各种方式的攻击和渗透。攻击者的攻击过程是一个从点到面的过程,他们事先一般只能掌握目标网络中很少的漏洞和薄弱点,然后采取口令破解、缓冲区溢出、SQL 注入、跨站脚本等攻击技术来控制目标网络中的设备,之后以此为跳板,不断加强对目标网络的了解并寻找新的攻击点,逐渐绕过目标网络的安全防御体系,达到攻击目标并使目标网络产生高风险。

- 网络用户。网络用户是从网络运维视角下,新引入网络攻防博弈模型的一类角色。一般来说,网络用户没有能力也不关心网络安全风险是否升高,他只关注自身所使用的网络服务是否能够正常提供服务。如果网络服务无法正常服务,将直接影响其对网络运维者的评价。在某些与其直接相关的安全事件发生后,网络用户可以和网络运维者一起共享信息,共同防御或寻找网络攻击者。

虽然从运维的视角看,在网络攻防博弈中需要考虑网络用户的存在,但是在网络攻防博弈中,攻防双方依旧是博弈的主体,他们之间的相互关系如同两股悬挂在同一个灯笼上的绳索,通过共同影响环境的状态,不断牵引着双方的网络策略进行改变。从博弈论的视角上看,对网络运维策略的优化,实际上是在网络用户、网络攻击者和网络运维者这个多方博弈的过程中,网络运维者如何优化自身策略的问题。本质上,这个三方博弈是一个多方动态不完全信息博弈,网络用户、攻击者、运维者各自的行动大多数是不能够被其他人观测到的,均只能通过能够感知的有限外部环境状态来推断其他人的动作和当前的状态。

在讨论了网络空间对抗与博弈的基本形式后,下一个关键问题是应该建立一个运维视角下的网络攻防博弈模型,对运维视角下的网络对抗与博弈进行形式化的描述。该网络攻防博弈模型的建立将有助于从三个角度理解网络对抗和博弈过程。

首先,网络攻防博弈模型的建立,可以实现将研究的重点从具体的攻击行为转移到研究攻击者和运维者组成的攻防对抗系统,从更为宏大的视角来探讨网络空间的安全防护问题。

其次,在网络攻防博弈模型中,明确了网络对抗和博弈过程中涉及的关键因素,如激励、效用、代价、风险、约束、策略、安全机制、安全度量、安全漏洞、攻击手段、防护手段、系统状态等,能够有足够的表达能力,为研究网络空间的变化提供足够的建模手段。

最后,也是最为重要的是,利用网络攻防博弈模型可以推理出网络攻防双方的均衡策略,在这个过程中,要解决的问题是各类人员策略空间的制定和博弈树的生成。由于参与者的策略空间十分庞大,很难采用逐个枚举的方式生成策略空间,需要采用基于规则的形式来生成策略空间并半自动化地生成博弈树。利用状态攻防图对网络攻防场景进行建模,并结合网络漏洞扫描评估系统,计算攻防双方不同策略下的效用矩阵,基于非合作非零和博弈模型计算混合策略纳什均衡,给出最优攻防决策。

4.1.2　网络安全防护策略

本书认为,网络安全防护策略是网络状态到网络安全管理动作的映射,它明确了网络运维人员将在什么样的网络状态下,采取何种对应的网络安全管理动作。在网络空间中,传统的网络安全管理动作主要集中在数字域,但是通过网络运维脆弱性分析的基础理论可知,攻击者可以通过在物理域、数字域、社会域的联合动作执行渗透任务,那么对于网络运维者,也必然要给出不同域内的网络安全管理动作,主要可能的网络安全管理动作大体可以分为以下八类:

- 网络拓扑结构的合理设计。对网络拓扑结构进行合理设计,特别是进行必要的网络隔离和安全域划分,是最重要、最有效的网络管理动作,能够有效降低网络安全风险。

- 漏洞管理与修补。定期对网络进行渗透测试和安全风险评估,发现潜在的漏洞,建立漏洞响应机制和管理流程,以便及时发现和修补各种系统或应用程序中存在的漏洞。

- 强化身份验证和访问控制。对身份的验证,以及执行对应的访问控制,既可以发生在物理域,也可以发生在数字域。对物理域内的访问控制,可以通过改变建筑布局、增派安保人员、增加房门房锁、构建生物特征识别系统(人脸识别、虹膜识别、掌纹识别等)等方式实施,使得经过授权的人员才能够接触到特定的网络设备或获得特定的信息。对应地,在数字域,也可以采用多因素身份验证、单点登录、强密码策略和增加访问控制列表等方法来确保只有经过授权的用户才能访问敏感信息和系统资源。

- 异常行为检测和识别。通过配置入侵检测系统或入侵防御系统,对网络流量进行特征提取,并与已知的异常特征进行匹配,实现用户行为的准确识别和异常检测。

- 持续的监测与响应。通过部署用户行为审计系统、上网行为管理系统等安全设备,对骨干链路流量进行监控,实时进行流量监测和日志分析,以便及时发现异常活动。

- 数据加密保护。部署网络密码机或存储加密卡等硬件设备,或者使用基于软件的加密技术,来保护数据在传输和存储过程中的安全性。在这个过程中,可以使用对称密码体制或公钥密码体制,使得拥有特定秘密的人员能够获得被加密信息。

- 数据备份与恢复。相较于数据加密侧重于对数据保密性的保护,数据备份与恢复则侧重于对数据完整性的保护,它们通过保留数据的多份拷贝,降低因数据拷贝丢失或部分损坏而产生的数据丢失风险。

- 安全意识培训与教育。通过制定安全保密规范制度,定期组织安全保密教育,帮助员工了解常见的安全威胁和应对方法,降低由于人为失误而造成的网络安全风险。

请注意,这些网络安全管理动作只是提供了一些基本的思路和方法,在实际的网络对抗与博弈中,网络运维者应该从实际出发,全面梳理适合本网络的安全管理动作,为后期安全策略生成奠定基础,以满足自动化安全防护策略生成的要求。

4.1.3　网络攻防博弈模型

运维视角下的网络攻防博弈模型是一个典型的多阶段动态博弈模型,它的博弈双方是网络的攻击者和运维者,他们在一个连续的时间上进行博弈。除此之外,博弈过程还需要考虑第三者,即网络用户。网络用户虽然不参与博弈过程,但是博弈过程会对其收益产生影响。在整个博弈过程中,攻击者努力使自己的利益最大化,而运维者则努力使自己和用户的利益均最大化。

在这个过程中,攻击者可以认为是具有时效性的,即攻击者如果在一定时间内无法完成预定的攻击目标,则会选择放弃,那么就可以将连续的时间看成一系列连续的时间周期,在每一个时间周期内攻击者和运维者进行一个多阶段博弈。

运维视角下的网络攻防博弈模型可以用八元组 $M = (E, N, \Theta, A, D, F, P, \widetilde{P})$ 表示,其中:

- $E = \{e\}$ 代表环境,也代表虚拟参与人"自然"。
- $N = \{N_a, N_d, N_u\}$ 为博弈局中人空间。$N_a = \{n_a\}$ 为攻击者集合,$N_d = \{n_d\}$ 为运维者集合,$N_u = \{n_1^u, n_2^u, \cdots, n_n^u\}$($n \in \mathbf{N}^+$,$n \geqslant 1$)为网络用户集合。其中,网络用户可以有多个,攻击者和运维者只能有一个。
- $\Theta = \{\Theta_a, \Theta_d, \Theta_u\}$ 为博弈局中人的类型空间。其中,$\Theta_a = \{\theta_1^a, \theta_2^a, \cdots, \theta_c^a\}$($c \in \mathbf{N}^+$,$c \geqslant 1$),表示攻击者类型集合;$\Theta_u = \{\theta_1^u, \theta_2^u, \cdots, \theta_d^u\}$($d \in \mathbf{N}^+$,$d \geqslant 1$),表示网络用户类型集合;$\Theta_d = \{\theta_d\}$,表示运维者只有一种类型。
- $A = \{a_1, a_2, \cdots, a_f\}$($f \in \mathbf{N}^+$,$f \geqslant 1$)为攻击策略集。
- $D = \{d_1, d_2, \cdots, d_g\}$($g \in \mathbf{N}^+$,$g \geqslant 1$)为防御策略集。
- $F = \{f_a, f_d, f_u\}$ 为攻防效用函数集合。f_a、f_d 和 f_u 分别用于计算攻击者、运维者和网络用户在攻防博弈中获得的收益。
- $P = \{p_1, p_2, \cdots, p_c\}$ 为攻击者类型先验概率集合,表示运维者对攻击者类型的初始判断。其中,$p_i = p(\theta_i^a) > 0$,$\sum_{i=1}^{c} p_i = 1$。
- $\widetilde{P} = \{\widetilde{p_1}, \widetilde{p_2}, \cdots, \widetilde{p_c}\}$ 为攻击者类型后验概率集合,表示运维者对攻击者行为进行观察后,对攻击者类型的判断。其中,$\widetilde{p_i} = p(\theta_i^a \mid h_a(T_t)) > 0$,$\sum_{i=1}^{c} \widetilde{p_i} = 1$。

根据上述博弈模型,可定义对应的博弈流程,整个博弈的具体过程如图 4-2 所示,其基本过程为:

(1) 网络攻防博弈开始前,"自然"随机生成攻击者集合 $N_a = \{n_a\}$、网络用户集合 $N_u = \{n_1^u, n_2^u, \cdots, n_n^u\}$ 和运维者集合 $N_d = \{n_d\}$。对于每一个网络用户 n_i^u,按照一定的概率从网络用户的类型空间 Θ_u 中选择一个类型 θ_i^u;对于攻击者 n_a,按照一定概率从

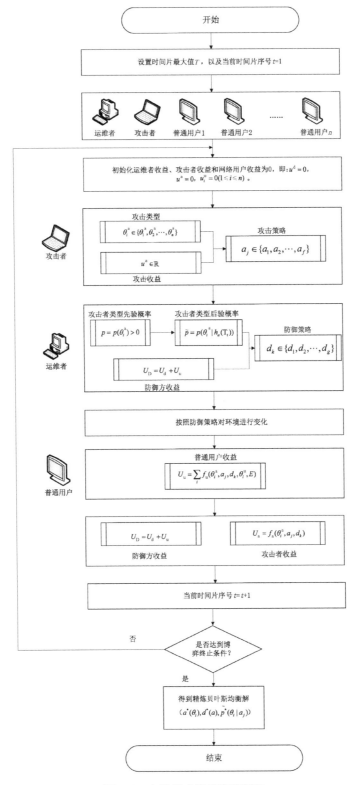

图 4-2　多阶段攻防博弈流程图

攻击者的类型空间 Θ_a 中选择一个类型 θ_i^a。每个网络用户、攻击者均知道自己的类型，但运维者 n_d 只知道每一个网络用户的类型，而不知道网络攻击者的类型，但是他却拥有对攻击者类型 θ_i^a 的推断，即知道攻击者类型的先验概率。

（2）设置时间片最长距离 T，当前时间片编号 $t=1$，初始化攻击者的收益 $u^a=0$，每个网络用户的收益 $u_i^u=0$，以及防御者的收益 $u^d=0$。

（3）攻击者 n^a 根据自己的类型 θ_i^a，以及当前的收益 u^a，从攻击策略集 A 中选择一条攻击策略 a_j。需要注意的是，不同类型的攻击者选择到攻击策略 a_j 的概率不同。

（4）运维者 n_d 在观察到 a_j 后，使用公式 $\tilde{p}=p(\theta_i^a \mid h_a(T_t))$ 调整对攻击者类型的推断。其中，t 是当前时间片的编号，$h_a(T_t)$ 表示在当前攻击者 n^a 在前 t 个时间片所采取攻击策略的集合。运维者推断到攻击者的类型后，根据当前推断，从其策略集 D 中选择一条防御策略 d_k。

（5）运维者修改环境设置，影响到普通用户的收益。对于类型为 θ_l^u 的网络用户 n_i^u，其对应的收益由 $U_i^u=f_u(\theta_i^a, a_j, d_k, \theta_l^u, E)$ 计算得出，所有用户的收益可以用公式 $U_u=\sum_i U_i^u$ 计算。

（6）计算此时攻防双方的收益，分别由 $U_a=f_a(\theta_i^a, a_j, d_k)$ 和 $U_d=f_d(\theta_i^a, a_j, d_k)$ 计算得出。与其他博弈模型不同的是，本模型在计算防御方收益时，将运维者自身的收益与其他所有普通用户收益之和作为防御方的总体收益，即 $U_D=U_d+U_u$。

（7）对时间片编号加 1，即 $t=t+1$，重复上述步骤（2）～（6）的相关操作，直到时间片到期（$t \geqslant T$）或攻击者已经成功达到目标，此时博弈终止。运维者和攻击者分别得到最优防御策略 $d^*(a_j)$ 和最优攻击策略 $a^*(\theta_i^a)$，即攻防双方达到精炼贝叶斯均衡解 $(a^*(\theta_i), d^*(a), \tilde{p}^*(\theta_i \mid a_j))$。

（8）时间片到期后，所有的攻击者和用户被"销毁"，在下一个时间周期内重新生成。在新的时间周期，重新进入多阶段攻防模型进行新的博弈。

4.2　强化学习与网络安全

在机器学习的基本范式中，强化学习被用来解决智能体的策略生成问题。智能体在与环境的交互过程中，不断更新着自己的策略，以便获得更多的奖励。因为这个过程与攻防博弈有着诸多的相似之处，所以，将强化学习引入网络攻防对抗中具有天然的优势。在本节中，将首先介绍强化学习的基础知识，然后介绍解决强化学习问题的基础方法，接着介绍深度强化学习算法，最后简析强化学习在网络安全中的应用。

4.2.1　强化学习基础

强化学习（reinforcement learning，RL）是机器学习的一个重要分支，它是一种通过从交互中学习来实现目标的计算方法,用于描述和解决智能体在与环境的交互过程中通过学习策略以达成回报最大化或实现特定目标的问题。其基本框架如图 4-3 所示。

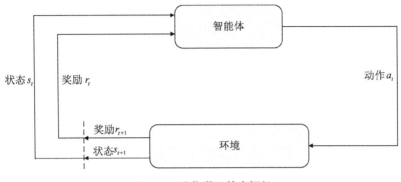

图 4-3　强化学习基本框架

在强化学习中,存在着一个或多个智能体。智能体通过在某种程度上感知环境的状态,不断地更新自身的策略,逐步改变自身的行动来影响环境,试图随着时间推移最大化累积奖励。单智能体的强化学习的过程,一般使用马尔可夫决策过程(markov decision process,MDP)来表示。

马尔可夫决策过程一般使用四元组 (S, A, P, R) 来表示,其中,S 是状态集,代表环境可能达到的所有状态;A 是动作集,代表智能体所能够采取的动作;$P: S \times A \times S \to \mathbf{R}$ 是状态转移概率,代表智能体在当前状态 s_t 下,采取动作 a_t 后,环境转移到另外一个状态 s_{t+1} 的概率。由于状态转移概率一般不随时间变化,所以它可以被表示为一系列的条件概率 $P(s_j \mid s_i, a_k)$,也可以用状态转移概率图的形式表示,如图 4-4 所示;$R: S \times A \to \mathbf{R}$ 是奖励函数,表示在动作选择和状态转移的过程中,智能体所获得的奖励。

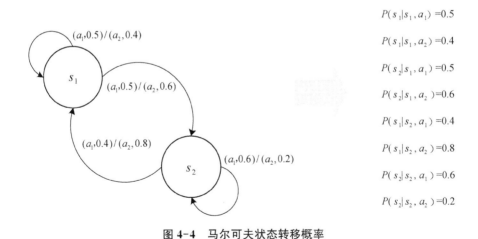

$P(s_1|s_1, a_1) = 0.5$

$P(s_1|s_1, a_2) = 0.4$

$P(s_2|s_1, a_1) = 0.5$

$P(s_2|s_1, a_2) = 0.6$

$P(s_1|s_2, a_1) = 0.4$

$P(s_1|s_2, a_2) = 0.8$

$P(s_2|s_2, a_1) = 0.6$

$P(s_2|s_2, a_2) = 0.2$

图 4-4　马尔可夫状态转移概率

马尔可夫决策过程描述了一个连续的动态过程。这个过程被分成多个时间片,在

第 t 个时间片时,智能体感知到环境的当前状态 $s_t \in S$,然后选择某个动作 $a_t \in A$,并从环境中得到一个对应的奖励 $r_t = R(s_t, a_t)$,然后环境根据转移概率 $P(s_{t+1} \mid s_t, a_t)$ 转移到下一个状态 s_{t+1},从而进入下一个时间片。在这个过程中,系统优化的对象是智能体的策略函数 $\pi(s, a)$,它表示状态 s 选择动作 a 的概率,即

$$\pi(s, a) = P[a_t = a \mid s_t = s] \tag{4-1}$$

为了度量不同的策略函数的好坏,进而找到最佳的策略函数,就需要对策略函数的优劣进行度量。在强化学习时,一般使用累计折扣奖励对策略的优劣进行度量。对于某个马尔可夫决策过程,如果其从状态 s_0 开始,智能体根据策略 π 选择某个动作 $a_0 \in A$,此时获得奖励 $R(s_0, a_0)$,环境状态根据概率 $P(s_0, a_0)$ 转移到下一个状态 s_1,重复该过程,直到终止状态 s_T 出现为止,或者永无止境地进行下去。此时,智能体长期累积折扣奖励的定义如公式(4-2)所示。

$$J(s) = E[R(s_0) + \gamma R(s_1) + \gamma^2 R(s_2) + \cdots \mid s_0 = s, \pi] \tag{4-2}$$

其中,γ 为折扣因子,它是一个 $[0, 1]$ 上的实数,用来衡量未来奖励对当前决策的重要性。由于 γ 的重要性,在某些书籍或课程中,也将马尔可夫随机决策过程直接形式化定义为五元组 (S, A, P, R, γ)。

根据公式(4-2)所给出的目标,可以定义某个状态或某个动作的价值。某个状态的价值被定义为从该状态开始,使用策略 π 选取动作,所能够得到的长期累积折扣奖励的期望,一般使用函数 $V^\pi(s)$ 表示,如公式(4-3)所示;而某个动作的价值函数则被定义为从状态 s 开始,执行动作 a 之后,不断使用策略 π 选取动作,所能够获得的长期累积折扣奖励的期望,一般用函数 $Q^\pi(s, a)$ 表示,如公式(4-4)所示。

$$V^\pi(s) = E[R(s_0) + \gamma R(s_1) + \gamma^2 R(s_2) + \cdots \mid s_0 = s, \pi] \tag{4-3}$$

$$Q^\pi(s, a) = E[R(s_0) + \gamma R(s_1) + \gamma^2 R(s_2) + \cdots \mid s_0 = s, a_0 = a, \pi] \tag{4-4}$$

无论是观察状态的价值函数,还是观察动作的价值函数,都能够发现其具有一个基本特征,即它们会满足某种递推关系。以状态价值函数为例,可以发现公式(4-3)可以改写为公式(4-5),即

$$
\begin{aligned}
V^\pi(s) &= E[R(s_0) + \gamma R(s_1) + \gamma^2 R(s_2) + \cdots \mid s_0 = s, \pi] \\
&= E[R(s_0) \mid s_0 = s, \pi] + \gamma E[R(s_1) + \gamma R(s_2) + \\
&\quad \gamma^2 R(s_3) + \cdots \mid s_0 = s, \pi] \\
&= R(s) + \gamma V^\pi(s_1) \\
&= R(s) + \gamma \sum_{s' \in S} P_{\pi(s)}(s') V^\pi(s')
\end{aligned}
\tag{4-5}
$$

公式(4-5)被称为贝尔曼方程,它建立了不同状态价值函数之间的关系。动作价值函数也具有类似的关系,受篇幅所限,在此不再详细讨论,有兴趣的读者可以参阅理查

德·桑顿等人所编写的强化学习领域奠基性经典著作《强化学习》[73]。

强化学习寻找最优策略的问题，可以转化为寻找最优价值函数的问题。这是因为如果某个策略 π^* 是最优策略，那么它在所有状态上的期望回报，均不应该小于任意一个其他策略 π，也就是说所有的最优策略应该对应着最优状态价值函数或动作价值函数，即

$$V^*(s) = \max_{\pi} V^{\pi}(s) \tag{4-6}$$

这样，寻找最优策略的问题就变成了寻找最优价值函数的问题。

4.2.2　强化学习传统解法

根据解决问题的不同条件，传统上，解决强化学习问题有三种思路，分别是使用基于动态规划的方法、基于蒙特卡洛的方法和基于时序差分的方法。

（1）基于动态规划的方法

基于动态规划的方法是一种基于模型的算法。所谓的基于模型，主要是指拟处理的问题是明确可以用某种数学模型表示的，具体到强化学习算法，是指马尔可夫决策过程的状态转移概率是可知的。在这种情况下，由于所有环境是已知的，可以使用迭代价值的方式，利用贝尔曼方程对价值函数进行循环更新，其基本思想是首先将所有的状态的价值置为 0，然后循环地对每一个状态价值，根据贝尔曼方程进行更新，直至所有状态的价值不再改变为止。类似地，也可以对策略进行迭代更新。这种方式思想比较简单，易于实现，但是它需要所有的状态转移概率是已知的，适用范围有限。

（2）基于蒙特卡洛的方法

基于蒙特卡洛的方法则是一种典型的无模型方法，它通过模拟统计的方法来估计所有状态或动作的价值。根据价值函数的定义可知，价值函数是对从某个状态开始或者选择了某个动作开始，根据特定策略选择动作所获得的长期折扣奖励的期望。那么，可以在这个策略下，从特定状态出发，不断根据该策略选择动作，形成一个经验学习片段。

$$s_0 \xrightarrow[R_1]{a_0} s_1 \xrightarrow[R_2]{a_1} s_2 \xrightarrow[R_3]{a_2} s_3 \cdots \to s_T$$

在这个经验片段中，可以将所有的 R_t 进行加权累加，得到此时对 $V^{\pi}(s_0)$ 的估计 G_0，即

$$G_0 = R_1 + \gamma R_2 + \cdots + \gamma^{T-1} R_T$$

更为一般地，对于任意状态 s，如果能够找到一个由它开始的、长度为 T 的经验学习片段，那么它的价值函数 $V^{\pi}(s)$ 可以由公式（4-7）估计。

$$G_t = R_{t+1} + \gamma R_{t+2} + \cdots + \gamma^{T-1} R_T \tag{4-7}$$

当针对状态 s，能够采集到多个经验学习片段时，那么可以使用新的经验学习片段，对价值函数 $V^{\pi}(s)$ 进行更新，如公式(4-8)所示。

$$V^{\pi}(s) \leftarrow V^{\pi}(s) + \alpha[G_t - V^{\pi}(s)] \tag{4-8}$$

其中，α 为一个处于 0 和 1 之间的常数，用于控制从新经验学习片段中学习的价值的大小。从公式(4-8)可知，当经验学习片段的数量不断增多时，对 $V^{\pi}(s)$ 的估计将不断趋近于 $V^{\pi}(s)$ 的真实值，这就是蒙特卡洛方法的主要思想。从这个思想中可以看出，蒙特卡洛方法不需要知道环境状态的转移概率，所以它是一种典型的无模型方法。

（3）基于时序差分的方法

基于时序差分的方法，其本质上是基于动态规划的方法和基于蒙特卡洛的方法的结合。它可以从经验片段中学习状态或动作的价值函数，而无须提前知道各个状态之间的转移概率，也就是说，算法是无模型的。

相较于公式(4-8)从经验学习片段中估计状态价值，基于时序差分的算法不再使用完整的经验学习片段，而是从不完整的片段中学习，即直接使用下一步系统所转移到的状态的价值函数，对当前状态的价值函数进行更新，即

$$V(S_t) \leftarrow V(S_t) + \alpha[R_{t+1} + \gamma V(S_{t+1}) - V(S_t)] \tag{4-9}$$

在公式(4-9)中，$R_{t+1} + \gamma V(S_{t+1})$ 可以看作对 G_t 的估计，这样的估计使得时序差分算法能够在每一步之后进行在线学习，而不必等到系统结束；同时，也使得算法能够在无终止状态的系统下工作。

基于该思想，时序差分算法包含两个主要的算法：SRASA 算法和 Q 学习算法。

SRASA 算法。在 SRASA 算法中，用于学习的片段是一系列基于当前策略执行得到的五元组 (s, a, r, s', a') 数据，它代表智能体在状态 s 下执行动作 a，得到奖励 r，环境转移到新状态 s' 下，继续依照该策略选择了动作 a'。SRASA 算法根据这些片段，使用公式(4-10)来更新对每个动作价值的估计。

$$Q^{\pi}(s, a) \leftarrow Q^{\pi}(s, a) + \alpha[r + \gamma Q^{\pi}(s', a') - Q^{\pi}(s, a)] \tag{4-10}$$

在这个过程中，智能体在状态 s 或 s' 下选择动作，依照一种被称为 ϵ 贪婪的策略，其基本思想是以 $1-\epsilon$ 的概率选择根据当前动作价值函数判断，得出的最优动作，而以 ϵ 的概率随机选择一个策略，以在探索未知知识和利用已有知识之间取得平衡。在 SRASA 算法中，随着时间的推移，SRASA 算法不断利用五元组 (s, a, r, s', a') 数据对动作价值函数进行迭代和更新，最终达到收敛状态。

Q 学习算法。Q 学习算法是另外一种基于动作值函数的经典方法，它与 SRASA 算法一样，基于与环境交互的样本 (s, a, r, s', a')，迭代地估计和更新动作价值函数。与 SRASA 算法不同的是，Q 学习算法更新动作价值函数时，不是使用在新状态 s' 下根据当前策略 π 选择到的动作，而是选择在新状态下价值最大的动作 a'，也就是说，其使

用公式(4-11)更新动作价值。

$$Q^{\pi}(s, a) \leftarrow Q^{\pi}(s, a) + \alpha[r + \max_{a'} Q^{\pi}(s', a') - Q^{\pi}(s, a)] \qquad (4\text{-}11)$$

对比公式(4-9)和公式(4-10)，可以看到 SRASA 算法和 Q 学习算法相差不大，但是在 Q 学习时，选择动作时所使用的行为策略（ε 贪婪策略）与更新动作价值函数时所使用的目标策略（最优动作策略）并不相同，这就引入了一个在强化学习中极为重要的概念：离线策略学习。

在实际应用过程中，离线策略学习有很多优势，其中最重要的是可以通过观察人类或其他智能体学习策略，重用旧策略所产生的经验，或者在遵循探索策略时学习最优策略或多个策略。

4.2.3　深度强化学习算法

（1）基于价值的深度强化学习算法

以 SRASA 和 Q 学习为代表的时序差分类算法具有很多优点，如能够解决无模型的问题，无需完整的经验片段等，但是在其执行过程中，需要大量的存储空间。以 Q 学习算法为例，分析公式(4-10)可知，在公式的迭代过程中，算法需要在内存中维护一张巨大的表，以存储每一个状态下每一个动作所对应的价值，这张表被称为 Q 值表，简称 Q 表，如图 4-5 所示。当在目标问题规模较大，状态较多的情况下，这张 Q 值表将占用大量的内存空间，甚至会达到计算机无法存储的地步，这也限制了时序差分类算法的适用范围。

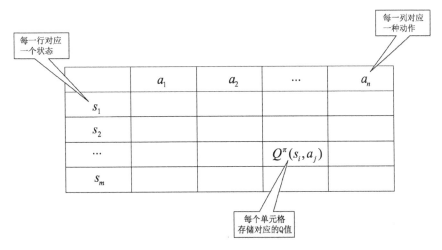

图 4-5　Q 值表

为了避免巨大状态空间或动作空间带来的问题，2013 年，DeepMind 公司将深度学习技术与强化学习技术相结合，提出了第一个深度强化学习算法——深度 Q 网络（deep Q-network，DQN）。相关工作于 2015 年完善，发表在顶级科技期刊 *Nature* 上[74]。

DQN 算法的基本原理是使用一个参数为 θ 的神经网络来近似拟合 Q 值表,实现对 $Q(s,a)$ 的估计,即 $Q_\theta(s,a) \approx Q(s,a)$,它最为著名的应用是解决了雅塔利游戏的问题。在实现上,通过将游戏画面作为神经网络的输入,经过一系列卷积操作,最终输出每个状态(游戏画面)下进行各个动作所对应的 Q 值,整个过程如图 4-6 所示。

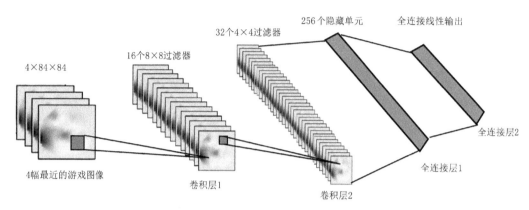

图 4-6　DQN 算法的基本流程

在将深度学习引入强化学习后,最重要的问题是神经网络如何被训练。在 DQN 中,采取了一种类似于 Q 学习的方法,它通过采集智能体对环境施加动作,进而引起环境状态变化的过程,所得到一系列四元组信息 (s_t, a_t, s_{t+1}, r_t),作为训练样本对神经网络进行训练,其训练过程,实际上是利用随机梯度下降的方式,对公式(4-11)所示的损失误差进行最小化。

$$L(\theta) = E_\pi\left[(Q_\theta(s,a) - y_t)^2\right] \tag{4-12}$$

其中,$y_t = r(s_t, a_t) + \gamma \max_{a_{t+1}} Q_\theta(s_{t+1}, a_{t+1})$。

为了使采集到的状态转换序列满足神经网络对训练样本独立同分布的要求,同时增强神经网络训练的平稳性,在 DQN 算法中,引入了独特的经验回放机制,设计了对应的评估网络和目标网络的双网络结构,相应的机制均被后期很多深度强化学习网络使用;但是,由于本书不是专门的人工智能算法书籍,在此不再赘述,有兴趣的读者可以参阅相关的文献。

从 DQN 算法的基本原理上可以看出,DQN 算法在本质上还是基于价值函数的,只是它不再存储一个 Q 值表,而是使用一个神经网络同时对多个"状态-动作"对的 Q 值进行拟合,这种深度学习方法被称为基于价值的深度学习方法。基于价值的深度学习方法具有基础理论扎实、易于理解等优点,但是由于其依旧依赖于潜在的离散的 Q 值函数,其在处理动作空间为连续动作的问题(如利用机械手抓取小球)时,难以十分精确地对动作进行控制,为此,引出了另一类深度强化学习算法——基于策略的深度强化学习。

(2)基于策略的深度强化学习算法

基于策略的深度强化学习算法的基本思想是使用参数化的函数直接拟合策略函数

$\pi_\mu(s, a)$。在建立了对应的参数化策略函数 $\pi_\mu(s, a)$ 后,同样使用最大化累积折扣奖励函数[如公式(4-2)所示],针对参数 μ 进行优化。此时,优化函数对策略参数 μ 的导数如公式(4-13)所示。在计算出该导数后,可以使用梯度上升方法来优化策略 π_μ 以最大化预期的累积奖励,即 $\mu_{k+1} = \mu_k + \alpha \nabla J(\mu_k)$。

$$\nabla J(\mu) = E_\pi\left[r_{sa} \frac{\nabla_\mu \pi_\mu(a_t \mid s_t)}{\pi_\mu(a_t \mid s_t)}\right] \tag{4-13}$$

分析公式(4-13)可知,在计算关于策略函数的导数中,需要用到与各个"状态-动作"对所关联的奖励值。如果用长期的动作价值函数 $Q(s, a)$ 来对其进行近似,则会得到如公式(4-14)所示的形式,这个形式被称为策略梯度。

$$\nabla J(\mu) = E_\pi\left[Q(s, a) \frac{\nabla_\mu \pi_\mu(a_t \mid s_t)}{\pi_\mu(a_t \mid s_t)}\right] \tag{4-14}$$

但是在策略梯度中,长期动作价值函数 $Q(s, a)$ 依然是一个未知量,还需要进一步进行近似。如果采用基于蒙特卡洛的方法,使用累计奖励值 G_t 作为 $Q(s, a)$ 的无偏采样,那么就可以通过采集经验轨迹来计算 G_t,进而对 μ_k 进行迭代更新,此时,$\nabla J(\mu_k)$ 的计算方式如公式(4-15)所示,这个方法被称为蒙特卡洛策略梯度。

$$\Delta\theta_t = \alpha \frac{\partial \log \pi_\theta(a_t \mid s_t)}{\partial \theta} G_t \tag{4-15}$$

如果换一种思路,不使用累计奖励值对价值函数进行估计,而是建立另外一个网络对其进行估计,那么这种方法被称为演员-评论家(actor-critic)方法。在该方法中,存在着两个需要被更新的神经网络,评论家网络 $Q_\Phi(s, a)$ 的主要任务是学会准确估计当前演员策略的动作价值,如公式(4-16)所示;而演员网络 $\pi_\theta(a \mid s)$ 的任务则是学会使评论家满意的动作,其优化目标如公式(4-17)所示。

$$Q_\Phi(s, a) \simeq r(s, a) + \gamma E_{s' \sim p(s' \mid s, a), a' \sim \pi_\theta(a' \mid s')}\left[Q_\Phi(s', a')\right] \tag{4-16}$$

$$J(\theta) = E_{s \sim p, \pi_\theta}\left[\pi_\theta(a \mid s) Q_\Phi(s, a)\right] \tag{4-17}$$

在演员-评论家方法中,演员网络和评论家网络对应的状态空间是可以不同的,这使得集中式学习和分散式执行成为可能。直觉上,虽然演员可能只获取不完整的信息进行决策,但具有完整信息的评论家仍然可以纠正演员的行为。

可以明显感觉到,相较于基于价值的深度强化学习算法,基于策略的深度强化学习算法在网络结构和优化函数上均更为复杂,但是从实际应用过程来看,其具有能够处理连读动作空间、收敛较为迅速、对能够处理随机动作空间、算法收敛比较快等优点,但是也同样存在着收敛过程不够稳定、收敛曲线波动比较剧烈、对学习率比较敏感等缺点。

4.2.4 强化学习在网络安全中的应用

在网络空间安全领域,充满了非确定性和动态性。攻击者总是在不断尝试和变化各种攻击手段,试图从这个过程中获得最大的收益。为了能够有效地阻止攻击者,网络防御者必须能够有效地识别出可能的恶意行为,适时更改自己的防御策略,这与强化学习的理念不谋而合。

强化学习的基本理念是通过智能体与环境的交互,学习最佳行为策略。使用强化学习的模式,它能够适应网络空间这种不确定性环境,通过与环境的交互来学习最佳的防御策略和响应策略,并根据新的威胁情况进行自适应调整,不断提高防御效果。此外,网络安全领域的问题通常非常复杂,涉及大量的数据和变量。强化学习模型可以处理高维度的状态空间和动作空间,并学习到复杂的策略以应对复杂的攻击。

强化学习在网络安全领域有着广泛的应用,主要包括:

(1)入侵检测和入侵响应。强化学习可以用于发现和阻止网络入侵[75]。智能体可以通过观察网络流量数据,尝试不同的防御策略来学习如何识别和拦截潜在的攻击,通过不断与环境交互,根据奖励信号来更新策略并提高入侵检测的准确性。

(2)恶意软件检测。强化学习可以用来发现恶意软件[76],可以通过将恶意样本作为输入,智能提取并学习恶意软件的特征和行为模式,从而准确区分正常软件和恶意软件。

(3)动态访问控制。强化学习可以应用于动态访问控制系统,以适应不断变化的网络环境。智能体可以根据系统状态和用户行为学习如何分配和管理访问权限,从而提高网络安全性。

(4)威胁情报分析。强化学习可以用于分析海量的威胁情报数据,以帮助发现新的威胁模式和漏洞。智能体可以通过与情报数据的交互学习如何识别和预测潜在的网络攻击。

(5)自适应安全策略:强化学习可以用于自动调整和优化安全策略。智能体可以根据环境变化和攻击行为的演化来动态地更新和改进安全策略,从而提高系统的抵御能力。

虽然强化学习在网络安全中有广泛的应用前景,但也存在一些挑战。其中包括训练数据的获取和标记、模型的可解释性、对抗性攻击等问题。然而,随着技术的不断发展和研究的深入,强化学习在网络安全领域的应用将会得到进一步的推广和完善。

4.3　面向对抗的网络安全防护策略智能生成

在本节中,讨论面向多域动作的用户多域行为联合检测框架。在该框架中,通过构建以强化学习算法为核心的智能分析引擎,配合与真实网络环境相一致的数字孪生环境,对用户发生在真实网络空间中的多域动作行为进行综合分析,达到识别出可能的恶意用户的目的。

4.3.1   用户多域行为联合检测框架

与现有入侵检测系统、用户行为审计系统等从数字域的角度发现恶意攻击不同,在用户多域行为联合检测框架中,用户在物理域、数字域、社会域内的各种动作,均通过统一身份认证系统进行集中收集并存储,并通过一个数字模拟系统与之交互,通过智能分析引擎,智能化地判断当前网络可能出现的安全风险,达到及时识别并阻止用户恶意行为的目的。

面向多域动作的用户多域行为联合检测框架的基本结构如图 4-7 所示,框架整体分为三个模块,主要是智能分析引擎模块、网络空间状态感知模块和多域动作执行模块。智能分析引擎模块是整个模型的核心,主要负责判断在何种状态下采取何种动作;网络空间状态感知模块主要负责感知网络空间的当前状态,这种感知是依托于某种手段的,是局部而非全局的,它是整个智能分析引擎判断情况的依据;多域动作执行模块主要的功能是执行多域动作,并得到相应的奖励,这个模块不仅仅能够执行

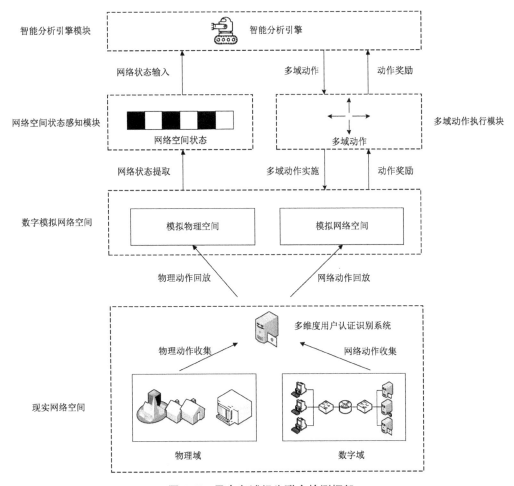

图 4-7   用户多域行为联合检测框架

一些网络动作,而且能够执行一些物理域和信息域的动作,这也意味着,这个模块不仅仅可以是软件模块,而且可以是人、摄像头、传感器或其他实体,只要能够执行某个具体的动作,并感知相应的奖励,即可作为该模块融合到用户多域行为联合检测框架之中。

从上面的分析可以看出,该模型不仅仅能够防御来自网络的恶意攻击行为,而且对于来自物理域、认知域和社会域的攻击行为,只要能够满足一些简单的先决条件,均可以使用该框架进行防御。这些先决条件包括:

(1) 攻击应该是独立同分布的。在网络环境中,面临的攻击应该是独立同分布的,也就是说两次攻击之间不存在着依赖关系,而且各种攻击发生的概率大致相当。对于一个真实的开放的网络环境来说,常常需要面临大量的、不同组织、不同类型的恶意攻击者,这些攻击者之间并不存在协同关系,而且他们掌握的攻击能力也大体可以分为几个层次,对于常见的攻击类型和攻击手段,可以大致认为其满足独立同分布的要求。

(2) 多域动作的收益可以被度量。使用该框架进行恶意用户行为智能检测,另一个必要条件是多域动作的收益可以被度量,而且这种度量应该是一个简单的标量。在一个真实的网络环境下,配合网络的安全管理部门,某个具体多域动作的收益是能够被快速评估和度量的,这就使得该框架不仅能够在线快速学习安全管理部门人员的知识,而且能够快速响应网络条件的变化。

(3) 网络空间状态可以被感知。使用该框架的第三个必要条件是需要感知网络空间的状态,这也是该框架的主要输入,智能分析引擎会根据这些输入来分析、评估和选择相应的动作。对于网络空间不同域内的入侵,需要感知的安全状态也有所不同,可以是物理域内的人员进出空间的状态,也可以是网络域内计算机网络行为,还可以是信息域内对信息的读取或写入的状态,甚至是社会域内人员之间关系的改变,等等。对这些状态的收集,是判断恶意用户行为的前提条件。

4.3.2　智能分析引擎基本架构

用户多域行为联合检测框架的核心是智能分析引擎,该引擎实际上是一个标准的强化学习架构,通过对环境进行感知,执行相应的动作并获取奖励,然后对网络进行进一步训练,从而得到更新后的网络。从原理上说,标准的强化学习算法,无论是传统的时序差分算法,还是基于价值或基于策略的深度强化学习算法,都能够支撑智能分析引擎的运行,只是在不同的状态和动作定义条件下,算法的性能会有所差异。在实际中,可以针对不同场景和网络状态进行选择。

在本书中,使用深度确定性策略梯度(deep deterministic policy gradient,DDPG)算法作为智能分析引擎的核心算法。DDPG 算法是基于策略的深度强化学习算法中的一种,它假设动作是连续的,而策略则是确定性的,即对于特定的状态 s,对应的策略函数 $\pi_\mu(s)$ 直接输出在该状态下应该采取的动作 a。

在 DDPG 算法中,由于同时使用了评估网络和目标网络的双网络结构,以及演员-评论家方法,所以在这个结构中具有 4 个不同的神经网络,分别为在线策略网络、目标策略网络、在线 Q 网络和目标 Q 网络。其中,在线策略网络、目标策略网络两个策略网络具有相同的结构,而在线 Q 网络和目标 Q 网络则具有另外的结构,它们同时被一个经验回放存储器所提供的训练样本训练,其整体架构如图 4-8 所示。

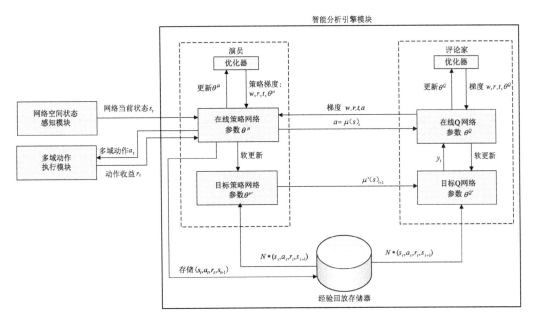

图 4-8 智能分析引擎基本架构

在原始的 DDPG 算法中,策略网络的层数为 4 层,在引入智能分析引擎时,在原有的输入层和全连接层之间,增加了隐藏层,使得改造后的策略网络分为 5 层。其中第 1 层为输入层;第 2 层为隐藏层,包含 32 个 GRU 结构的节点;第 3 层、第 4 层分别为两个全连接层,均包含 64 个神经元,激活函数使用 ReLU 函数;第 5 层为输出层,使用 sigmoid 函数作为激活函数,最后输出一个代表多域动作的多维向量,代表需要执行的多域动作,其整体结构如图 4-9 所示。

两个 Q 网络的结构与策略网络有所不同,其输入不仅包含某个网络空间状态的向量表示,而且包含某个多域动作的向量表示,两个向量分别经过 1 个全连接层后进行连接,然后再经过 1 个全连接层和 1 个输出层后,输出相应"状态-动作"对所对应的 Q 值。在这个过程中,全连接层和输出层均有 64 个神经元,全连接层使用 ReLU 函数作为激活函数,而输出层则使用线性函数作为激活函数。其整体结构如图 4-10 所示。

智能分析引擎的主要功能,是根据网络空间状态感知模块的输入,以及多域动作执行模块的反馈,实时对其结构中所包含的四个深度神经网络进行优化调整,以检测潜在的恶意用户行为。其主要步骤包括以下 8 步:

113

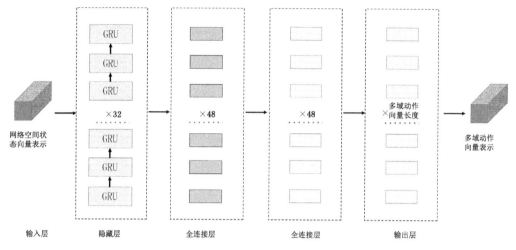

图 4-9　策略网络结构

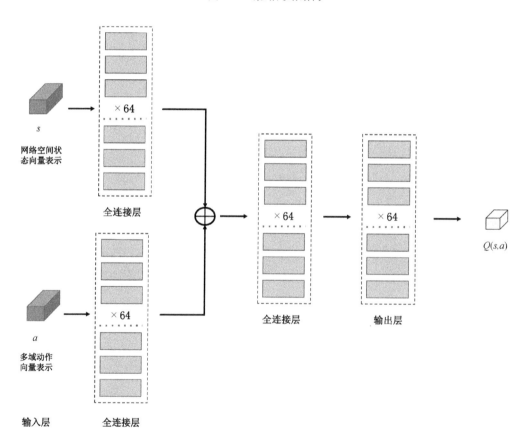

图 4-10　Q 网络结构

（1）对智能分析引擎的各个模块进行初始化，包括随机初始化在线 Q 网络 $Q(s,a \mid \theta^Q)$ 和在线策略网络 $\mu(s \mid \theta^\mu)$，并使用在线 Q 网络和在线策略网络的参数来初始化目标策略网络 μ' 和目标 Q 网络 Q'，即 $\theta^{Q'} \leftarrow \theta^Q$，$\theta^{\mu'} \leftarrow \theta^\mu$，以及初始化经验回放存储器为空。

（2）不间断地从网络空间状态感知模块获取网络空间的当前状态，假定在 t 时刻时，其输入的状态为 s_t。

（3）利用在线策略网络，根据输入的状态选择对应的动作 $\mu(s_t)$，并根据该动作按照比例 β 加入一定的噪声，使得模型能够获取一定的探索能力。调用多域动作执行模块执行该动作，并获得相应的回报 r_t。

（4）通过网络空间状态感知模块，获取下一时间的状态 s_{t+1}，然后将四元组（s_t，a_t，r_t，s_{t+1}）存储至经验回放存储器。

（5）从经验回放存储器中随机选取 N 个随机的状态转移序列 $N \times$（s_i，a_i，r_i，s_{i+1}），输入目标策略网络和目标 Q 网络，计算 $y_i = r_i + \gamma Q'(s_{i+1}, \mu'(s_{i+1} \mid \theta^\mu) \mid \theta^Q)$，并计算损失：

$$L = \frac{1}{N} \sum_i (y_i - Q(s_i, a_i \mid \theta^Q))^2$$

（6）利用梯度下降法，在最小化损失 L 条件下，更新在线 Q 网络。

（7）利用抽样策略梯度，更新在线策略网络：

$$\nabla_{\theta^\mu} J \approx \frac{1}{N} \sum_i \nabla_a Q(s, a \mid \theta^Q) \mid_{s=s_i, a=\mu(s_i)} \nabla_{\theta^\mu} \mu(s \mid \theta^\mu) \mid_{s_i}$$

（8）利用更新后的在线策略网络和在线 Q 网络，更新目标策略网络和目标 Q 网络。在这个过程中，τ 一般取一个较小的值，如 0.001。

$$\theta^{Q'} \leftarrow \tau \theta^Q + (1 - \tau) \theta^{Q'}$$
$$\theta^{\mu'} \leftarrow \tau \theta^\mu + (1 - \tau) \theta^{\mu'}$$

4.3.3　典型环境

该典型环境来源于某个企业网络的真实环境，该企业网络主要分为业务网络和管理网络两部分，其中业务网络主要面向企业内部用户访问各种业务系统，管理网络主要面向网络管理员，用于对网络设备的配置，业务网络和管理网络之间相互不能通信。在业务网和管理网中，分别配置有相应的终端、交换机和服务器，以及相应的安全防护设备，该环境的简化环境如图 4-11 所示。

在该环境中，业务网共包含 6 台设备，其中终端 1 台（终端 1），服务器 3 台（服务器 1，服务器 2，服务器 3），交换机 1 台（交换机 1），防火墙 1 台。因业务安全需要，在防火墙上设置如下安全策略：只允许终端 1 访问非敏感业务 web_2（部署在服务器 2 上）和 web_3（部署在服务器 3 上），而不允许其访问敏感业务 web_1（部署在服务器 1 上）；允许终端 1 对服务器 2 和服务器 3 进行管理，分别访问其远程桌面服务 RemoteDesk_2 和 RemoteDesk_3；禁止服务器之间的相互访问。在管理网中，涉及 4 台设备，其中终端 1 台（终端 2），交换机 1 台（交换机 2），服务器 1 台（服务器 4），入侵防御系统 1 台。通过

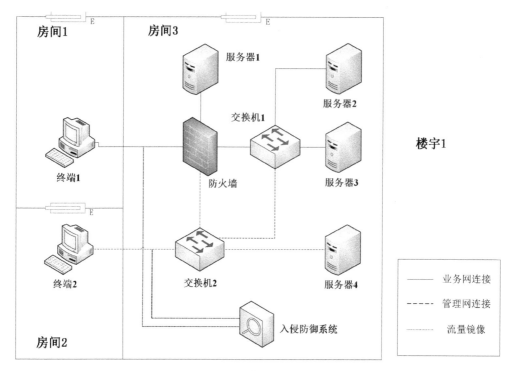

图 4-11 典型网络环境

管理网,终端 2 可以访问到防火墙的配置服务 Firewall_M,交换机 1 的配置服务 S1_M,以及服务器 4 的远程桌面服务 RemoteDesk_4。入侵防御系统对终端 1 到防火墙,以及终端 2 到交换机 2 的流量进行监听,监听信息主要基于源地址、目的地址、源端口、目的端口、目的服务的五元组信息,一旦发现不符合安全规则的异常流量,则进行报警。

在当前的安全配置下,用户可以通过某些精心构造的攻击序列来访问敏感业务 web_1,这个恶意的攻击序列为:首先,恶意的用户使用终端 2 访问服务器 4 的远程桌面服务 RemoteDesk_4,然后通过服务器 4 访问防火墙上的 Firewall_M 服务,修改相应的访问控制列表,允许服务器 2 或服务器 3 访问服务器 1 的 web_1 服务,接着使用终端 1 访问服务器 2 的 RemoteDesk_2,或服务器 3 上的 RemoteDesk_3 服务,接着使用服务器 2 或服务器 3 访问服务器 1 的敏感服务 web_1,实现敏感数据的获取,最后,该用户可以再次使用终端 2 访问服务器 4 的 server4_manage 服务,然后通过服务器 4 访问防火墙上的 firewall_manage 服务,删除添加的访问控制列表,从而完成攻击。

在这个攻击过程中,入侵防御系统虽然全程对链路"终端 1—防火墙"和链路"终端 2—交换机 2"同时进行监控,但是因为只监控到终端 1 访问 RemoteDesk_2 或 RemoteDesk_3,以及终端 2 访问 RemoteDesk_4 的相关信息,所以其不会进行报警,然而用户实际上已经完成了攻击。通过后面的实验可以发现,针对同样的场景,采用本书提出的基于强化学习的用户恶意行为检测方法,可以有效发现用户潜在的攻击行为。

在本书中,采取了 Python 程序对图 4-7 所示场景进行模拟仿真,得到相应的用户动作,然后对本书提出的用户多域行为联合检测框架进行了实现,并进行相应的实验。在实验中,智能分析引擎通过对监控的目标流量进行观察,得到相应用户的网络动作,并根据其来判断用户的行为是否为恶意的;如果是恶意的,则通知管理员对服务器状态进行查看,否则,不对服务器状态进行查看。

4.3.4　实验设置

在实验时,随机生成位于楼宇 1 内的用户,每个用户在生成时标记其是否为恶意的,在整个用户群体中,恶意用户的比例为 UP。如果一个用户是正常用户,则他只在能够正常进行的网络动作中随机选择动作,每个用户在两个空间内执行一定数量的动作(每个动作占用 1 个时间片),超过时间片的用户如未自行退出,则会被系统强制退出;如果一个用户是恶意用户,则他随机发动攻击,在每一步发动攻击的概率为 AP,用户开始攻击后,则他倾向于尽快执行完整个攻击序列,当攻击序列执行完毕后(攻击成功),则他会自行退出房间,如果某个攻击用户在攻击序列执行过程中被抓住,则也会被强制退出房间。

管理员能够通过当前的动作得到相应的奖励。管理员发现服务器被攻击后,得到一定的奖励 R;当管理员对服务器状态进行查看,但是服务器没有被攻击时,则得到一定的负面奖励 R';当管理员没有对服务器进行查看,但服务器被攻击成功时,则管理员得到更多的负面奖励 R_{cost}。

在实验中,用户每进行一个动作,管理员均进行一次动作,并得到相应的奖励值。在模型训练过程中,累加 500 个用户所有动作的奖励,作为一次训练的奖励。在每次训练过程中,模型将被训练 500 次。实验过程中其他的参数设置如下所述:在实验环境部分,攻击者的比例 UP=0.4,攻击者每次执行攻击的比例 AP=0.3,每个用户执行的动作数量最多不超过 60 个,在每次训练或测试中,均随机生成 500 个用户;在奖励部分,$R=100$,$R'=-100$,R_{cost} 根据实验设置取 0～20 之间的值;在 DDPG 模型相关的参数设置上,设置折扣因子 $\gamma=0.99$,演员网络学习率为 1×10^{-4},评论家网络学习率为 1×10^{-3}。

为了证明 DDPG 方法的有效性,将其与两个基准方法进行对比。第一种方法为随机方法,即随机查看当前是否存在着攻击。在该方法中,引入一个参数 γ,取值范围为 $[0,1]$,代表随机查看动作占总动作的比例。第二种方法是改进后的 DQN 算法,其参数设置为:学习率 learning_rate=0.01,收益折扣因子 $\gamma=0.9$,探索概率 $\varepsilon=0.1$,目标网络替换迭代次数 iter=200,记忆上限 memory_size=2 000。

4.3.5　实验过程和结果

首先,对本章所提方法的正确性进行验证,分别在将 R_{cost} 的值设定为 5、10、15、20 时,对 DDPG 模型进行训练,并对训练过程进行记录和可视化,训练过程中每 500 个用户进出该环境,所获得的总体奖励值变化情况如图 4-12 所示。

其次,进一步比较了不同的 R_{cost} 对框架性能的影响,分别在 R_{cost} 的取值由 1 逐步变化到 20 时,对模型进行训练。在每个 R_{cost} 下将模型训练 10 次,测试每个模型的性能,比较在不同 R_{cost} 下模型的平均奖励,其结果如图 4-13 所示。

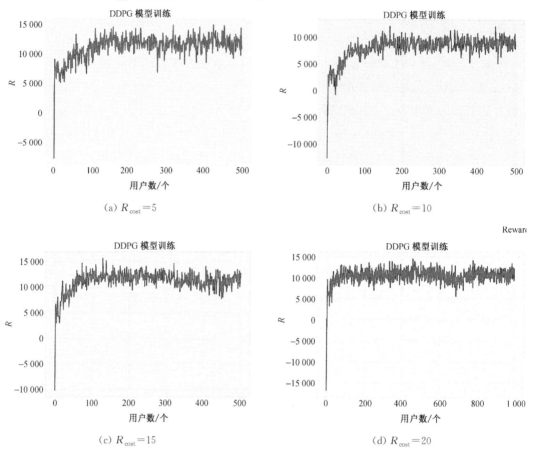

图 4-12　训练过程中的奖励值

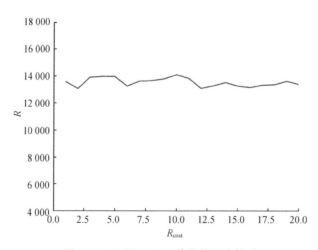

图 4-13　不同 R_{cost} 下获得的平均奖励

最后,验证了所提方法的优越性,在相同的场景下,将基于 DDPG 模型的方法与随机检查方法、基于 DQN 模型的方法进行了比较,比较结果如图 4-14 所示,其中横坐标为随机查看动作占总动作的比重 γ,纵坐标分别为奖励值、未发现的攻击者数量和发现

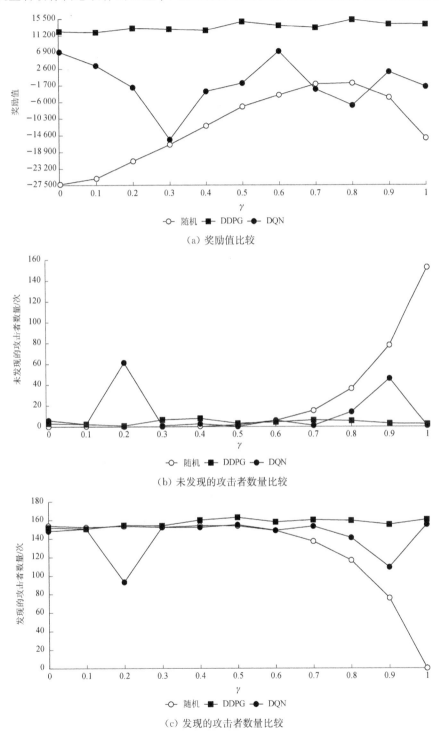

（a）奖励值比较

（b）未发现的攻击者数量比较

（c）发现的攻击者数量比较

图 4-14　不同方法的性能比较

的攻击者数量。实验共进行了 11 次,分别将 γ 取值设为 0、0.1、0.2、0.3、0.4、0.5、0.6、0.7、0.8、0.9 和 1,由于该参数与基于 DDPG 模型、基于 DQN 模型的两种方法无关,所以分别将两个模型训练 11 次,并测试模型性能。

4.3.6　实验结果分析

首先,通过图 4-12 的结果可以发现,随着训练次数的不断增加,R 值呈现一个缓慢上升的趋势,直到最后趋近于收敛,这符合强化学习的一个学习过程,说明本书提出的模型能够从监控到的用户行为中逐步学习到恶意用户的动作的特点规律,并不断提升自身的判断准确率,从而验证了本书所提算法的有效性。

其次,通过图 4-13 的结果可以发现,无论管理员在该环境下,被攻击成功而得到的负面奖励如何变化,模型总能够获得一个比较好的奖励,也就是说,该模型能够很好地适应环境的变化,并根据环境的变化适时调整自身的策略,也就是说,该模型不仅仅能够在某一特定环境下取得良好效果,而是针对这个问题的不同环境,均能够取得较好的效果,证明算法具有良好的鲁棒性。

最后,通过图 4-14 的结果可以发现,无论从奖励值、发现的攻击者的数量,还是从未发现的攻击者的数量出发,基于 DDPG 模型的方法的表现均好于随机检查方法和基于 DQN 模型的方法,它能够在发现较多的攻击者的同时,取得较好的收益(表示在所有查看动作中,未发现攻击者的动作数量相对较少)。

通过图 4-14 的结果还可以发现,对于随机检查方法,当查看动作所占的比重 γ 较低时,无论出现何种状态,网络管理员均不会对服务器状态进行查看,导致能够成功的攻击者数量较多,被发现的攻击者数量较少,导致此时的奖励均值较低;当查看动作比例逐渐上升时,网络管理员能够成功查看到更多的恶意用户,致使奖励均值逐渐升高;当查看动作比例较大时,网络管理员相当于大部分时间均进行查看,此时虽然能够发现更多的恶意用户,但是却浪费了大量的精力,由于 R_{cost} 的存在,此时的奖励逐渐减小,这种趋势在图 4-14(a)的结果中表现明显,符合实验预期。

同样分析图 4-14 中基于 DQN 模型的方法的结果,可以发现,基于 DQN 模型的方法在训练 500 次后,并没有达到一个比较稳定的状态,在奖励值、发现的攻击者的数量等指标上均出现了较大的波动,平均效果相对不佳,证明在该场景下,使用基于 DDPG 模型的方法要好于基于 DQN 模型的方法。

4.4　面向未知威胁的分布式拒绝服务攻击防护

4.4.1　分布式拒绝服务攻击

分布式拒绝服务(distributed denial of service,DDoS)攻击是当前网络空间中的重要威胁之一。在 DDoS 攻击场景中,攻击者一般首先通过口令破解、木马植入、病毒传播等方式控制大量主机,进而构成对应的僵尸网络,最终有组织地向目标网络服务同时发起访问请求,致使目标网络服务无法在短时间内对大量服务请求进行响应,达到耗尽目标服务主机服务资源(CPU、内存、带宽等),甚至发生应用软件或操作系统崩溃,使目标服务无法正常提供服务的目的。

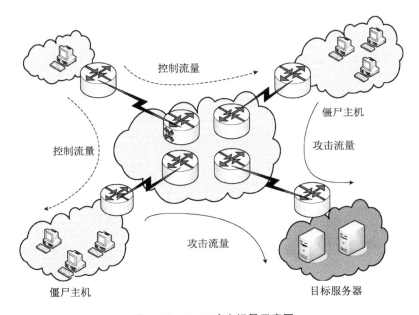

图 4-15　DDoS 攻击场景示意图

相较于病毒传播、缓冲区溢出等攻击手段,DDoS 攻击的防御难度更大,这是因为在 DDoS 攻击过程中,所有的攻击主机发出的均是正常的服务请求,从单个报文的角度来讲,不存在任何的恶意性,而且从报文类型上看,DDoS 攻击中存在的报文类型十分广泛,包括 TCP 报文、UDP 报文、ICMP 报文、DNS 报文、HTTP 报文等各种类型的报文,也无法通过报文类型进行简单的区分。

现有对 DDoS 攻击的防御,主要是在攻击初期,尽可能快速地检测到攻击的发生,并在尽可能靠近攻击源的位置识别出攻击流量并进行过滤。根据防御系统的部署位置对防御系统进行分类,大致可以分为攻击源端防御、被攻击端防御和网络中间节点防御等三种类型[77-78]。

- 攻击源端防御系统,一般将防御节点布设在靠近攻击源头的一端,比如局域网的边缘服务器或者自治域的接入服务器,对网内攻击源进行过滤和限制。典型的方案包括通过判断发出数据包的源地址是否属于本地局域网、判断当前流量是否超出设定流量、判断进出网络的报文数目比值是否正常等方式来判断是否发生了 DDoS 攻击。
- 被攻击端防御系统,一般将防御节点布设在靠近被攻击者的一端,比如被攻击者网络的边缘服务器或者自治域的接入服务器,对攻击行为进行监测和响应。典型的方案包括采用包标记等方法追踪攻击报文的真正源头,通过标记合法流量的路由轨迹来过滤非法数据包,通过各类型报文流量的模型比对判断攻击的发生和类型,通过基于拥塞判断的方式丢弃可疑数据包,等等。

● 网络中间节点防御系统,一般部署在各自治域的路由器上,在网络的中间环节监测并对攻击做出响应,典型的方案包括判断每条链路上的报文是否具有合法 IP 源地址来进行数据报文过滤,实时监测和过滤非法路由器的数据报文,对多个路由器上的报文进行系统检测,等等。

在本章中,重点研究基于路由限制的 DDoS 攻击防御方法,它是一种基于网络中间节点,采用分布式流量限制[79]对 DDoS 攻击进行防御的方法。在防御过程中,主要使用具有流量限制功能的路由器。具体地,为了防止被攻击的目标服务器要应对来自全局网络的过多服务请求,可以在流量可能经过的多条路径上分别增加具有流量限制功能的路由器,动态调整到达目标服务器的流量,从而使得到达目标服务器的总流量不会超过其处理能力。在下一节中,将对该解决方案进行形式化描述。

4.4.2 基础问题建模

基于路由限制的 DDoS 攻击防御方法的基本思想,是在网络中,增加一系列能够控制流量的限制路由器(throttling router),负责将到达目标服务器的流量调节到合适的水平,其基本结构如图 4-16 所示。限制路由器是一系列具有控制流量工程的路由器,它负责收集对应的下级流量(包含正常用户的流量以及被攻击者控制终端的流量),然

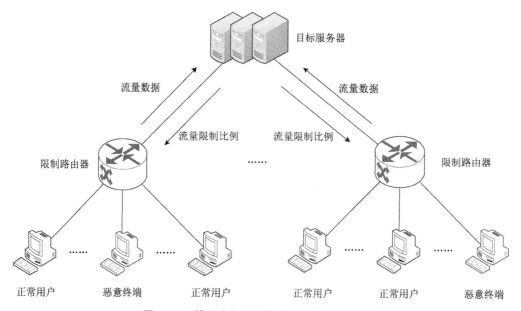

图 4-16 基于路由限制的 DDoS 攻击防御方法

后根据路由器自身的策略来决定多少比例的流量到达目标服务器,目标服务器将根据汇集的流量是否超过其处理能力来发送不同的信号(如服务器是否崩溃、服务是否正常运行等)给各个限制路由器,各限制路由器基于收到的信号来调整各自的策略。

基于路由限制的 DDoS 攻击防御方法可以被形式化地定义。在时刻 t,对于网络中的第 i 个限制路由器,它会在当前流量总量 s_t^i 的基础上,判断当前丢弃掉流量所占的比例 a_t^i,即从该限制路由器到达目标服务器的流量为 $s_t'^i = s_t^i(1-a_t^i)$,那么目标服务器在时刻 t 接收到的总流量为 $\sum_i s_t'^i$,目标服务器会根据当前获得的总流量 $\sum_i s_t'^i$,给第 i 个限制路由器一个全局的奖励信号 r_t。

从上述的描述可以看出,基于路由限制的 DDoS 攻击防御方法,本质上被建模成一个无模型的无限状态的马尔可夫决策问题。此时的关键问题,在于限制路由器如何进行决策,来决定在时刻 t 所丢弃的流量比例 a_t^i。在这个过程中,可能存在两种方法,即基于中心化路由限制的流量管理方法和基于去中心化路由限制的流量管理方法。

- 基于中心化路由限制的流量管理方法。在该方法中,为了使得分布式的限制路由器之间的动作能够相互配合,共同避免目标服务器受到攻击,可以在网络中增加一个中心节点,负责收集各个限制路由器上的当前流量,然后统一规划每个限制路由器的流量限制比例。这种方式思路简单,控制效果理想,但是需要增加中心节点,且中心节点的通信压力大,因此很难适用于类似互联网的大规模网络。

- 基于去中心化路由限制的流量管理方法。在该方法中,不存在中心节点,每个限制路由器只能够获取目标服务器根据自身状态给出的奖励函数,并独立做出决策。在这种情况下,每个限制路由器只能看到部分信息,是一个典型的部分可观察的马尔可夫决策问题。这种方法实现难度大,需要每个限制路由器根据整体目标,做出对应的协同动作,但是由于其不存在中心节点,所以实际应用较为广泛。

4.4.3　分布式强化路由器限制方法

在本节中,重点讨论基于去中心化路由限制的流量管理方法,提出一种被称为分布式强化路由器限制(distributed reinforcement router throttling,DRRT)的流量控制方法,以解决上节所提出的 DDoS 攻击防御问题。

DRRT 的基本框架详细描述了限制路由器如何根据自身获取到的状态得到对应动作的过程,整个框架依托一个与实际环境一致的模拟环境,由学习和评估两个环节组成,如图 4-17 所示。

学习的部分主要包含样本采集和神经网络训练两个环节。在样本采集时,智能体在与模拟环境的交互过程中收集数据并将样本存储到内存缓冲区中以训练神经网络,整个采集的样本包括每个限制路由器当前流量的联合流量向量 $s_t = (s_t^1, s_t^2, \cdots, s_t^i, \cdots, s_t^N)$，每个限制路由器当前动作组成的联合动作向量 $a_t = (a_t^1, a_t^2, \cdots, a_t^i, \cdots, a_t^N)$，当前时刻目标服务状态所生成的奖励 r_t，以及下一个时刻的联合流量向量 $s_{t+1} = (s_{t+1}^1, s_{t+1}^2, \cdots, s_{t+1}^i, \cdots, s_{t+1}^N)$，这些样本被统一存储，并用于神经网络的训练过程。在评估的部分，主要是通过深度神经网络生成对应的用户动作 a_t，采集对应的网络状态 s_t，并计算生成的奖励 r_t 用于算法性能的评估。

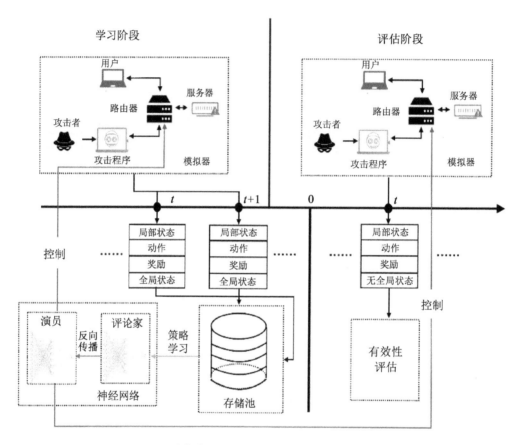

图 4-17　分布式强化路由器限制流量控制方法 DRRT

（1）神经网络设计

在 DRRT 的基本框架中，神经网络部分引入了演员-评论家机制。每一个限制路由器均具有一个对应的演员网络，而所有的限制路由器共享一个评论家网络，它使用全局团队奖励和全局状态信息进行训练，以帮助更新所有演员网络的参数，如图 4-18 所示。

对于第 i 个限制路由器所对应的演员网络，由 μ_i 进行参数化，将自己的观察 s_t^i 作为输入并输出限制比例 a_t^i；对于由所有路由器共享的评论家网络，则由 θ 参数化并将全局状态 s_t 作为输入，并输出联合动作值对应的价值 $Q(s_t, a_t^1, \cdots, a_t^N)$。在智能体共享相同的奖励的模式下，能够加速演员网络的学习过程。

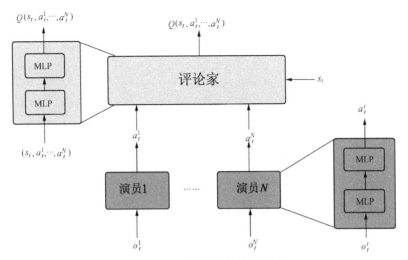

图 4-18　无通信的神经网络架构

在网络结构上,演员网络被设置为具有 4 层网络结构的多层感知机(multilayer perceptron,MLP),除输入层和输出层外,还具有 2 层隐藏层,每个隐藏层具有 32 个神经元,激活函数使用 ReLU 函数,并引入批量归一化(batch normalization)机制,以避免模型输入数据的分布发生变化带来的收敛效率下降,保证激活单元的非线性表达能力;输出层的激活函数使用 sigmoid 函数。评论家网络同样被设置为一个具有 4 层网络结构的多层感知机,与演员网络不同,评论家网络每个隐藏层具有 64 个神经元,激活函数同样使用 ReLU 函数,引入批量归一化机制,而输出层的激活函数使用线性激活函数。

(2) 学习算法

在学习阶段,使用反向传播(back propagation,BP)算法来联合训练演员网络和评论家网络。BP 算法的基本思想是设置一个损失函数,来描述当前神经网络输出和任务目标之间的差异,通过最小化损失函数对神经网络进行更新,能够使神经网络的输出不断接近用户希望的输出,进而使得神经网络完成特定任务。在学习过程中,演员网络和评论家网络的损失函数如公式(4-17)和公式(4-18)所示。

$$L_{\text{actor}_i}(\mu_i) = \sum_{k=1}^{K} Q_\theta(\boldsymbol{s}_t^k, \boldsymbol{a}_t^{-k}) \tag{4-17}$$

其中,$\boldsymbol{a}_t^{-k} = (\pi_1(s_t^1), \pi_2(s_t^2), \cdots, \pi_N(s_t^N))$ 是当前策略的联合行动向量,K 是一次迭代训练中的样本数。

$$L_{\text{critic}}(\theta) = \sum_{k=1}^{K} \left[y_t^k - Q_\theta(\boldsymbol{s}_t^k, \boldsymbol{a}_t^k) \right]^2 \tag{4-18}$$

$$y_t^k = r(\boldsymbol{s}_t^k, \boldsymbol{a}_t^k) + \gamma Q_\theta(\boldsymbol{s}_{t+1}^k, \boldsymbol{a}_{t+1}^k) \tag{4-19}$$

其中,$\boldsymbol{a}_t^k$ 是来自内存缓冲区的联合动作 $(a_t^1, \cdots, a_t^N)$ 向量。

整个算法的基本过程如算法 4-1 所示。

算法 4-1：DRRT 算法

输入：迭代次数 J，每次迭代的时间步 M，智能体数 N，攻击场景分布 D。

1　for j＝1，…，J do
2　　从 D 中产生攻击场景并初始化模拟器；
3　　for t＝1，…，M do
4　　　for i＝1，…，N do
5　　　　s_t^i＝actor$_i$. observe()；
6　　　　a_t^i＝actor$_i$. choose_action(s_t^i)；
7　　　end for
8　　　r_t，s_{t+1}^1，…，s_{t+1}^N＝simulator. step(a_t^1，…，a_t^N)；
9　　　for i＝1，…，N do
10　　　　actor$_i$. store(s_t^i，s_t^{i+1})；
11　　　end for
12　　　s_t＝simulator. get_state()；
13　　　critic. store(s_t，r_t，a_t^1，…，a_t^N)；
14　　　评论家网络最小化公式(4-18)更新神经网络参数；
15　　　for i＝1，…，N do
16　　　　第 i 个演员网络最小化公式(4-17)更新神经网络参数；
17　　　end for
18　　end for
19　end for

在 DRRT 算法中，首先初始化网络拓扑和神经网络的参数，然后运行 J 次迭代，直至算法结束。在每次迭代过程中，首先从攻击场景的分布 D 中产生攻击场景并初始化模拟器，接着迭代运行 M 个时间步。在每个时间步中，每个限制路由器（智能体）所对应的演员网络接收其对应的局部观察（状态），并生成流量限制比例（动作），而评论家网络则不涉及具体的决策，仅仅是从模拟器获得全局状态信息。同时，演员网络和评论家网络分别将其样本存储到内存缓冲区中。在每个时间步的末尾，每个演员网络和评论家网络分别选取一批样本，来更新自身网络的参数。

对于使用 DRRT 算法的限制路由器来说，每个路由智能体只需要局部信息就可以做出决策，但是在训练过程中，因为引入了全局性的评论家网络，其算法的收敛更加高效。在评估的过程中，也就是算法被应用到实际网络上时，实际上只是演员网络根据自身的参数选择对应的动作，评论家网络不再参与，整个过程也就不再需要路由器之间进行通信。

4.4.4　实验环境构建

在本节中，将通过构建模拟实验场景对 DRRT 算法的功能和性能指标进行验证，具体地，将对实验场景、基准方法、评估指标等细节进行讨论。

（1）实验场景

在实验场景中，使用 OPNET 模拟器构建一个模拟网络拓扑环境。OPNET 是一个起源于麻省理工学院的网络模拟仿真软件，它是一个基于离散事件驱动、使用 C++为编程语言的网络建模仿真系统[80]。

模拟网络拓扑结构如图 4-19 所示，为了简化问题，整个网络中只存在主机单元、限制路由器和目标服务器三类节点。

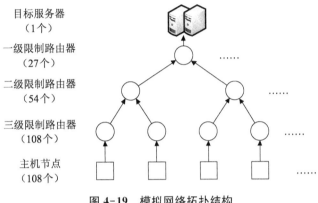

目标服务器
（1个）

一级限制路由器
（27个）

二级限制路由器
（54个）

三级限制路由器
（108个）

主机节点
（108个）

图 4-19　模拟网络拓扑结构

整个网络共有 108 个主机单元，可以分为大型主机单元、中型主机单元和小型主机单元三种，分别对应 10 台主机、20 台主机和 30 台主机。在 108 个主机单元中，具有大型主机单元 48 个、中型主机单元 40 个、小型主机单元 20 个。

在 108 个主机单元的流量到达目标服务器的过程中，可以根据网络逻辑结构来选择合适的位置安装限制路由器，即分为三级布设限制路由器。例如，可以安装 108 个三级限制路由器，每一个限制路由器只负责调节 1 个主机单元的流量；类似地，也可以安装 54 个二级限制路由器，每一个限制路由器只负责调节 2 个主机单元的流量，或者安装 27 个一级限制路由器，每一个限制路由器负责调节 4 个主机单元的流量。也就是说，当安装更接近终端主机的路由器时，需要更多的限制路由器，每个限制路由器将监控更少的终端主机。

在攻击流量生成上，采取攻击模式如恒定流量攻击、增加流量攻击、脉冲攻击和混合攻击来验证本书方法的有效性。一个攻击片段持续 400 个时间步，当服务器超载时它会提前终止。

● 恒定流量攻击：攻击开始时立即达到最大攻击流量。

● 增加流量攻击：流量不断增加，在 5 个时间步内，逐渐达到最大攻击流量。

● 脉冲攻击：攻击发生的概率为 0.14，每次攻击发生后将持续 5 个时间步。

● 混合攻击：每 10 个时间步，随机选择上述 3 种攻击模式中的一种作为当前的攻击模式。

图 4-20 展示了不同攻击模式下攻击流量随时间步的变化曲线。

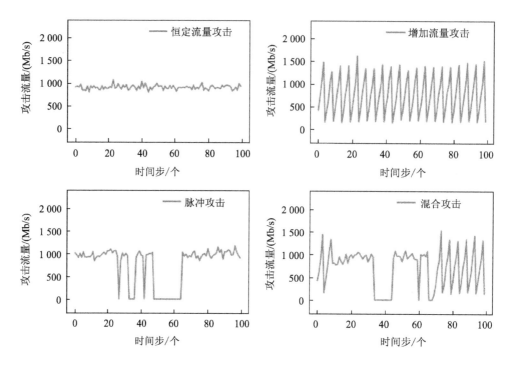

图 4-20　四种攻击模式的流量变化

后续实验均基于图 4-19 所示的基础拓扑结构进行,网络流量的产生基于 OPNET 模拟器模拟仿真。在实验中,首先从 108 个单元中选出 32 个主机单元作为攻击者;之后,区分正常主机单元和攻击者分别产生流量数据。对于正常的主机单元,在任意一个时刻,它有 0.15 的概率产生流量,其产生的流量遵循正态分布,均值为 350 Mb/s;对于攻击者,其产生的攻击流量的大小,根据其在不同实验中设置的攻击模式的不同而不同。假设目标服务器的最大带宽是 $U_s = 1.3 \times 10^5$ Mb/s,而中间链路带宽上限为无穷大。

（2）基准方法

为了测试本节提出的 DRRT 算法的有效性,将其与 4 个已有方法进行比较,分别是初始化路由限制（server-initial router throttling, SIRT）、公平路由限制（fair router throttling, FRT）、深度 Q 网络 DQN 和线性规划（linear programming, LP）。

● 初始化路由限制 SIRT。每个限制路由器共享相同的限制比例,服务器为所有限制路由器做出决策,以确保到达的流量在 $[L_s, U_s]$,其中 L_s 是服务器带宽的下限（服务器的占用率需要不低于该值,不浪费服务器的资源）。限制比例的减小系数 α 为 0.5,限制比例的增加系数 β 为 0.05,服务器带宽的下限 $L_s = 0.9 \times U_s$。

- 公平路由限制 FRT。每个限制路由器具有不同的限制比例,每个限制路由器调整自己的限制比例。FRT 的参数设置为与 SIRT 相同。

- 深度 Q 网络 DQN。使用 DQN 算法来实现防御机制,因为 DQN 是一种处理离散动作的方法,所有动作空间被离散化为 10 个区间,分别为 $0, 0.1, \cdots, 0.9$。为了进行公平比较,状态表示和奖励函数与 DRRT 相同。

- 分布式强化路由器限制 DRRT。使用章节 4.4.3 中定义的神经网络结构,DRRT 的参数设置如表 4-1 所示。

表 4-1　DRRT 的参数设置

模型参数	数值	模型参数	数值
折扣因子 γ	0.99	优化器	Adam
样本存储容量	5 000	演员网络学习率	1×10^{-4}
每批次训练样本数量	32	评论家网络学习率	1×10^{-3}

- 线性规划 LP。在使用线性规划方案时,使用上帝视角,使得算法能够看到所有限制路由器当前的输入流量,并采取单纯型算法(simplex algorithm)来寻找满足公式(4-20)的解决方案。

$$\max_{a_t^1, \cdots, a_t^N} g_t = \frac{\sum_{i=1}^{N} x_t^i (1 - a_t^i)}{\sum_{i=1}^{N} x_t^i} \tag{4-20}$$

$$\text{s.t.} \quad z_t = \sum_{i=1}^{N} (x_t^i + y_t^i)(1 - a_t^i) \leqslant U_s$$

其中,x_t^i 和 y_t^i 分别为第 i 个限制路由器所接收到的正常流量和攻击流量,对于任意时刻 t,有 $s_t^i = x_t^i + y_t^i$。

（3）评估指标

在本章实验中,使用以下正常流量响应率、服务器使用率和等待流量比例 3 个指标评估不同方法的性能。

- 正常流量响应率:服务器响应的正常流量,即未被丢弃的合法流量占主机单元所生成的所有正常流量的比例。较高的正常流量响应率表明该方法能够保留更多的正常流量,从而表明算法的性能更好。

- 服务器使用率:服务器响应的正常流量占最大带宽的比例。较低的服务器使用率意味着许多资源未被利用,而极高的服务器使用率意味着系统过载,服务器使用率在不超过 1 的情况下,越接近 1 说明算法性能越好。

- 等待流量比例:未及时响应的限制路由器流量占所有限制路由器流量的比例。因为受服务器能力限制,在某一时刻下,只有部分限制路由器的流量能够被目标服务器响应,其余流量被留待下一时刻处理。该指标越小,说明等待处理的流量越少,从而表明算法的性能越好。

对于所有实验,采用尽早停止的模式来避免过度拟合,这种反复学习的现象可能导致学习策略仅适用于特定场景,并且缺乏对未见过情况进行泛化的能力。为了验证泛化能力,在实验中,使用具有不同随机种子的 5 个时间片段(每个时间片段的随机种子不同)进行策略的有效性评估,并且评估阶段的所有攻击场景与学习阶段的场景是不同的。

4.4.5 实验结果及其分析

在本节中,通过采集多次实验中的实验数据来评估提出方法的有效性。

(1) 不同攻击模式下的算法性能

为了确定 DRRT 方法是否在不同攻击模式下均有效,进行了 4 次实验。在 4 次实验中,攻击者分别使用恒定流量攻击、增加流量攻击、脉冲攻击和混合攻击的方式进行攻击。在实验中,在不失一般性的情况下,仅使用 54 个二级限制路由器对流量进行控制,其余限制路由器均允许全部流量通过。实验进行了 10 次,10 次实验的指标平均值如表 4-2 所示。

表 4-2 不同攻击模式下算法性能比较

算法	正常流量响应率	服务器使用率	等待流量比例
SIRT	0.631/0.607/0.682/0.648	0.737/0.676/0.72/0.703	0.003/0.006/0.007/0.007
FRT	0.702/0.695/0.723/0.713	0.849/0.788/0.79/0.798	0.002/0.003/0.006/0.003
DQN	0.818/0.811/0.821/0.795	0.944/0.897/0.89/0.851	0.025/0.031/0.043/0.005
DRRT	0.838/0.838/0.841/0.825	0.935/0.898/0.875/0.877	0.034/0.027/0.078/0.015
LP	0.956/0.965/0.963/0.96	0.997/0.969/0.932/0.959	0.009/0.006/0.005/0.007

注:表格里的四个数据,分别是攻击模式为恒定流量攻击、增加流量攻击、脉冲攻击和混合攻击时的算法性能。

分析表 4-2 所示的数据,首先可以发现的是,LP 方法由于具有完整的全局信息和明确的优化目标而优于所有其他方法。其次,DRRT 方法在正常流量响应率方面比 SIRT、FRT 和 DQN 方法表现更好。另外,在不同攻击模式下,每个方法的表现都具有一定的差异性。

与此同时还可以发现一个现象:对于 SIRT 和 FRT 这两种基于规定规则而不是基于学习的方法,三个度量指标的数值都比较低,这是因为它们倾向于丢弃大量流量以保护服务器;而对于 DQN 和 DRRT 两个基于学习的方法,三个度量指标都较高,这是因为它们倾向于保留更多的流量以满足用户的需求。

为了进一步发现不同算法的不同,绘制了在混合攻击模式下的 50 个训练时间片段中正常流量响应率随时间变化的曲线,如图 4-21 所示。该图中横轴是训练过程的时间片段数量(episodes),纵轴是不同时刻的正常流量响应率。从这个过程中很明显地可以看出,DRRT 的性能在 50 个训练时间片段中有所提高并基本收敛,而 DQN 的结果在训练后期显示出退化趋势,这是因为独立的 DQN 方法的各个智能体之间并没有协调合作机制。另外,DRRT 和 DQN 等基于学习的方法曲线在训练前期都有提升的趋势,而 SIRT、FRT 和 LP 等非学习方法的曲线没有这种趋势。

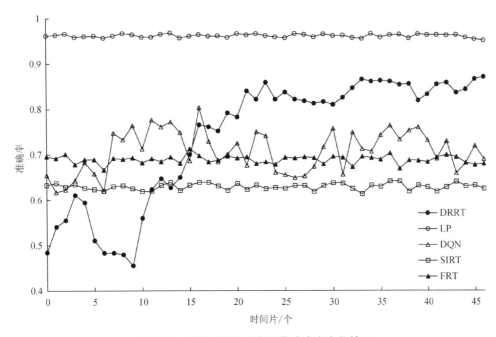

图 4-21　训练过程中正常流量响应率变化情况

(2) 限制路由器配置对方法性能的影响

在本节中,将对限制路由器位置和数量,对各个方法的性能影响进行讨论。在这个过程中,将基于图 4-19 所示的基础环境,更改限制路由器的数量和位置,再进行三个实验。在三个实验中,分别仅配置 27 个一级路由器、54 个二级路由器和 108 个三级路由器,攻击流量产生使用混合攻击模式,其余参数不变。各个算法在三个实验中的测试结果如表 4-3 所示。

表 4-3　不同限制路由器数量下各算法性能

算法	正常流量响应率	服务器使用率	限制路由器等待响应率
SIRT	0.648/0.648/0.649	0.703/0.703/0.703	0.006/0.007/0.007
FRT	0.705/0.713/0.724	0.799/0.798/0.798	0.002/0.003/0.003
DQN	0.836/0.795/0.680	0.899/0.851/0.741	0.042/0.005/0.000
DRRT	0.861/0.825/0.827	0.909/0.877/0.890	0.047/0.015/0.029
LP	0.940/0.960/0.979	0.961/0.959/0.950	0.013/0.007/0.000

注:表格里的三个数据分别是仅配置一级路由器、二级路由器和三级路由器时的算法性能。

从表 4-3 中不同配置下的算法性能对比结果可以看出,在其他参数不变的前提下,随着路由器数量的增加,LP 的性能越来越好。直观地说,在使用三级限制路由器时引入了更多的限制路由器,而且限制路由器更接近主机,因此它们可以更容易定位出产生攻击流量的确切位置,这反过来可以实现有效的流量控制。基于这一观察,考虑可以在整个网络上安装更多的限制路由器,以接近产生攻击流量的区域,但更多的限制路由器意味着更高的部署代价,并且多智能体的协同会随着智能体数量的增多而更加困难。

(3)全局状态对模型学习的影响

为了验证全局状态信息对提高 DRRT 方法性能的有效性,另外提出一种不使用全局信息的分布式强化路由器限制(distributed reinforcement router throttling without global information,DRRT-WOGI)方法,该方法的网络结构与 DRRT 的结构相似,只是每一个演员网络拥有一个评论家网络,而不是全局共享一个评论家网络。每一个评论家网络使用本地局部信息(来自每个限制路由器)而不是全局信息(来自模拟器)作为学习阶段的输入。

基于 DRRT-WOGI 和 DRRT 两个方法,依旧依托图 4-19 所示的网络拓扑环境,在分别仅配置 27 个一级路由器、54 个二级路由器和 108 个三级路由器时,对两个方法的性能进行对比测试,测试时攻击流量的模式依旧使用混合攻击模式。其结果如表 4-4 所示。

表 4-4　不同限制路由器数量下各算法性能

算法	正常流量响应率	服务器使用率	限制路由器等待响应率
DRRT-WOGI	0.837/0.818/0.757	0.906/0.878/0.849	0.05/0.019/0.015
DRRT	0.861/0.825/0.824	0.909/0.878/0.89	0.047/0.015/0.029

注:表格里的三个数据,分别是仅配置一级路由器、二级路由器和三级路由器时的算法性能。

根据表 4-4 所示的结果,很容易得出 DRRT 优于 DRRT-WOGI 的结论,它验证了全局状态信息有助于 DRRT 提高性能的论点,并且当限制路由器的数量增加时,这个优势会扩大。

为了进一步验证全局状态对于增强算法性能的有效性,对在仅使用 108 个三级路由器时,100 个时间片内各个算法的动作进行可视化,如图 4-22 所示。图 4-22 中的所有动作均是 108 个路由器动作的加权平均,其权重是该时刻每个限制路由器的流量占总流量的比例。

从图 4-22 的第一行可以看到线性规划算法对应的动作(LP action)与攻击流量(attack traffic)的变化大致一致。当攻击流量增加时,限制比例相应增加;当攻击流量减少时,限制比例相应降低;所以它可以作为一个理想的参照结果,对 DRRT 和 DRRT-WOGI 算法的动作曲线进行评估。在图 4-22 的第二行和第三行,分别将 DRRT 和 DRRT-WOGI 算法的动作曲线与 LP 算法的动作曲线进行比较。很容易发现,DRRT 的动作与 LP 动作的拟合程度,要远远大于 DRRT-WOGI 算法的动作与 LP 动作的拟合程度,这又从另一个方面证明了全局状态信息有助于 DRRT 提高性能。

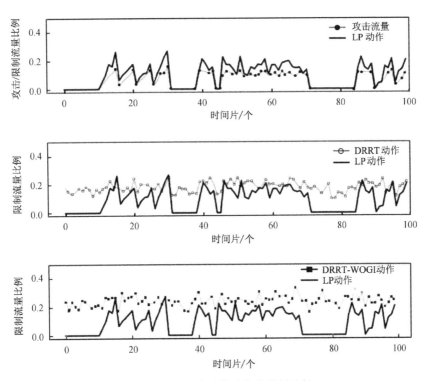

图 4-22　不同方法的动作有效性比较

4.5　基于经验的分层路由器限制方法

在上一节中,提出了一种基于多智能体深度确定性策略梯度算法的路由器流量控制方法,称为分布式强化路由器限制方法 DRRT。通过比较该方法和理想条件下的线性规划方法的性能,发现二者之间仍存在着不小的差距。为此,在本节中提出了基于经验的层次化线性规划方法,其基本思想是首先使用强化学习的方法,估算出合法流量的比例,然后使用线性规划的方式进行求解。

4.5.1　问题背景

上节中所提出的分布式强化路由器限制方法 DRRT,是一个典型的基于学习的流量控制算法,它通过集中学习和分散执行相结合的方式实现对网络流量的持续管理。在学习阶段,通过一个集中式的评论家网络提供了详细的全局状态信息,即网络上每个限制路由包含的合法流量和攻击流量的详细比例,以指导分散在网络各个不同限制路由器上的演员网络,能够根据本地局部信息做出合理的选择;而在执行阶段,则由各个演员网络单独生成动作,无须大规模传输基础信息。

从表 4-2 实验结果可知,相比于线性规划算法,DRRT 算法的性能尚有不小的差距。那么就需要思考,是否可以将线性规划算法用在分布式拒绝服务攻击的防御之中。直接制约线性规划算法应用于大规模网络流量限制的障碍来自两个方面。

（1）线性规划需要攻击流量的完整信息

在使用线性规划算法时进行 DDoS 攻击防御时，需要精确地知道每一个限制路由器在各个时刻下，攻击流量、合法流量分别占据总流量的比例。但是在实际问题中，这个比例却是未知的，也不可能知道。在状态采集时，只能够知道每个时刻下限制路由器的总流量。

针对此问题，可以首先对攻击流量、合法流量占据总流量的比例进行估算，进而利用线性规划算法来进行流量调整。在流量估计的过程中可以单独训练一个模型，从在全局信息下，利用线性规划方法得到的理想策略中进行学习，从而对当前流量中攻击流量、合法流量所占的比例进行估计。

（2）线性规划算法需要集中化的执行

在使用线性规划算法时，需要使用一个集中式的智能体来收集各个被管理的限制路由器的流量数据，集中式下发动作；但是在现实的互联网环境中，可能存在大量的用户终端并需要很多的限制路由器。基于中心化的方案存在中心节点的通信压力过高的缺点。

针对这个问题，可以借鉴分层学习（hierarchical learning，HL）的思路[81]。分层学习HL是强化学习领域中的一种常用方法，它将最终目标分解为多个子任务来学习分层策略，并通过组合多个子任务来形成有效策略。在这个过程中，问题将被分为多个层次，低层次学习者学习时，不仅仅通过当前状态来学习，而且需要受到来自高级专家的反馈指导。针对本问题，可以设置层次化的限制路由器。下层限制路由器不仅仅使用当前流量信息，而且接受上层路由器的指导来综合确定限制流量的比例。实际上，在当前的网络管理中，分层通信结构也是对应大规模网络管理中的一种常用的方法。传统的中心节点结构中，当网络拓扑规模扩大时，中心节点的通信压力会显著提高，但是如果能够将整个网络划分为几个小团队，每个团队设置一个中心节点，将能够显著减少中心节点的通信压力；所以，使用分层的结构，可以与现有的网络管理模式深度融合，有利于后期的技术推广。

4.5.2　算法框架

（1）基本框架

在本节中，提出一个基于经验的层次化线性规划（hierarchical experience based linear programming，HELP）方法。该方法基于分层通信结构，通过在网络中设置一系列的限制路由器团队来缩小网络规模，在每一个限制路由器团队中，设置一个智能体，该智能体通过预先收集历史数据，估计当前每一个限制路由器上合法流量的大小，进而给出限制动作，以满足大规模网络下流量控制的要求。

HELP 方法的整体框架如图 4-23 所示。整个网络上，设置多个限制路由器团队，分布式管理整个网络中的限制路由器。多个路由器团队由一个中心智能体控制，该中心智能体基于每个限制路由器团队的当前流量，利用预先训练的有监督模型来估计各个限制路由器团队当前的攻击流量和正常流量,并根据服务器带宽上限 U_s,通过线性规划算法,得到各个限制路由器团队的流量上限 US_t^k。在每一个路由器团队中,也设置一个智能体节点,该智能体节点同样利用预训练的有监督模型,根据每个限制路由器的当前总流量,估计出每个限制路由器的攻击流量和正常流量,并结合当前时刻下该限制路由器团队流量上限 US_t^k,通过线性规划算法,得到各个限制路由器的流量限制比例。

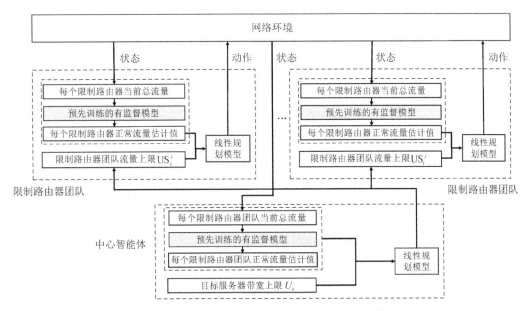

图 4-23　基于经验的层次化线性规划方法框架

由图 4-23 可知,HELP 方法的核心是得到一系列预先训练的有监督模型,根据限制路由器或限制路由器的团队的当前总流量来估计其包含的合法流量。此时,可以利用多层感知机来构建对应的有监督模型。对于中心智能体,模型的输入是当前时刻各个限制路由器团队的总流量,输出是当前时刻下各个限制路由器团队的合法流量;对于各限制路由器团队中的智能体,模型的输入是当前时刻下各个限制路由器的总流量,输出是当前时刻下各个限制路由器的合法流量。

这个过程可以被统一形式化地表示为:对于时刻 t,采集每一个限制路由器团队或限制路由器在当前时刻的总流量 $S_t = (s_t^1, s_t^2, \cdots, s_t^i, \cdots, s_t^N)$,以及其对应的合法流量 $X_t = \{x_t^1, x_t^2, \cdots, x_t^N\}$,其中,$N$ 是被该智能体管理的限制路由器团队或限制路由器的数量,并将其作为训练样本,对以 θ 为参数的多层感知机进行训练。模型的输入是 S_t,输出是 $E_t = \{\tilde{x}_t^1, \tilde{x}_t^2, \cdots, \tilde{x}_t^N\}$,优化目标如公式(4-21)所示。

$$\min_\theta \parallel E_t - X_t \parallel^2 \tag{4-21}$$

得到各个限制路由器团队或限制路由器的合法流量 $E_t = \{\tilde{x}_t^1, \tilde{x}_t^2, \cdots, \tilde{x}_t^N\}$ 后,利用线性规划算法来计算需要限制的流量比例或流量上限的过程基本上是一致的。为了节省篇幅,只讨论中心智能体如何针对每一个限制路由器团队,计算其流量上限 US_t^k 的过程。

计算限制路由器团队流量上限的过程,与利用公式(4-20)求解合法流量比例的过程类似,也可以使用单纯型算法 SA 进行对应的求解,只是需要将公式(4-20)中的约束条件中的 x_t^i 替换为估算出来的 $\tilde{x}_t^i$,如公式(4-22)所示。

$$\max_{US_t^1, \cdots, US_t^N} g_t = \frac{\sum_{i=1}^N \tilde{x}_t^i(1-a_t^i)}{\sum_{i=1}^N \tilde{x}_t^i}$$

$$\text{s.t.} \quad z_t = \sum_{i=1}^N (\tilde{x}_t^i + \tilde{y}_t^i)(1-a_t^i) \leqslant U_s \quad (4-22)$$

在公式(4-22)中,a_t^i 是第 i 个限制路由器团队所需要丢弃的流量比例,之后,可以通过公式(4-23)来算出对应的路由器团队流量上限 US_t^i。

$$US_t^i = (\tilde{x}_t^i + \tilde{y}_t^i)(1-a_t^i) \quad (4-23)$$

(2)通信延迟

在现实的互联网环境中,可能存在大量的用户终端并需要更多的限制路由器。对于大规模网络拓扑中的 DDoS 攻击流量响应问题,基于中心化的方法,中心节点的通信压力过高,这将导致通信延迟。在 HELP 模型中,将引入通信延迟建模,充分考虑通信延迟对路由器限制算法性能的影响。

发生通信延迟的通信交互主要存在于中心智能体和限制路由器团队之间。通信延迟是双向的,通信延迟发生时,限制路由器团队有 P_{delay} 的概率不能将流量信息发送给中心智能体,而中心智能体也有 P_{delay} 的概率不能将流量限制比例信息发送给限制路由器团队。当限制路由器团队不能将流量信息发送给中心智能体时,中心智能体将使用先前时刻的总流量信息作为该限制路由器团队当前时刻的总流量信息;类似地,当中心智能体不能将流量限制比例信息发送给限制路由器团队时,限制路由器团队将使用前一时刻的流量限制比例信息作为当前时刻的流量限制比例信息。

从理论上说,通信延迟的因素是多个方面的,它与当前流量总量、通信线路情况、网络拓扑结构等信息都有关系。为了简化问题,在本节中,将使用公式(4-24)来计算通信延迟的概率。

$$P_{delay} = \begin{cases} 0, & \text{当 } U_s \geqslant \sum_{i=1}^N (x_t^i + y_t^i) \\ \dfrac{\sum_{i=1}^N (x_t^i + y_t^i) - U_s}{U_s}, & \text{当 } U_s < \sum_{i=1}^N (x_t^i + y_t^i) < 2U_s \\ 1, & \text{当 } \sum_{i=1}^N (x_t^i + y_t^i) \geqslant 2U_s \end{cases} \quad (4-24)$$

其中，x_i' 依旧表示第 i 个限制路由器团队中的正常流量，y_i' 依旧表示第 i 个限制路由器团队中的正常流量，U_s 为目标服务器的负载上限。

从公式(4-24)可以看出，当到达目标服务器的流量，即所有限制路由器团队的流量和小于目标服务器的负载上限时，由于此时目标服务器不发生拥堵，所以不存在通信延迟；当到达目标服务器的流量超过目标服务器的负载上限，但是没有超过其 2 倍时，此时服务器将发生轻微拥堵，通信延迟的概率将线性增长；当达到目标服务器的流量超过目标服务器负载上限的 2 倍时，此时服务器将严重拥堵，网络必然发生通信延迟。

4.5.3　实验设置

（1）基础环境

为了评估 HELP 的有效性，在本节中共进行 2 个实验。

在实验 1 中，使用一个与图 4-19 相同的网络拓扑环境，在该实验中，只使用 108 个三级限制路由器作为工作的限制路由器，其余的限制路由器并不限制通过的流量。此时，每个限制路由器均被作为一个独立的智能体，基于当前通过限制路由器的总流量信息，而不知道其中合法流量比例的情况下，独立生成限制流量比例，从而判断基于经验的方法是否能够提升单个智能体的决策能力。在这个过程中，由于网络规模较小，不考虑通信延迟对算法性能的影响。

在实验 2 中，为了能够评估 HELP 算法对大规模网络的策略调整能力，对图 4-19 所示的网络拓扑环境进行扩充，扩充后的网络拓扑结构如图 4-24 所示。在该环境中，共有 1 080 个限制路由器，分为 36 个团队，每个限制路由器团队中具有 30 个限制路由器。在这个过程中，由于网络规模大，将在通信过程中考虑通信延迟对算法性能的影响。

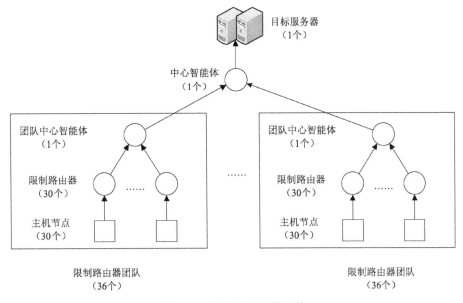

图 4-24　模拟网络拓扑结构

（2）评估指标

除了使用4.4.4节所定义的正常流量响应率、等待流量比例等指标外，在本节中引入时间成本这一指标，它主要指模型的训练时间。在实际的系统中，一般会希望时间成本能够尽可能低。

（3）基准方法

在实验1中，考虑将HELP方法与非学习的方法（基于随机估计的方法和基于规则的方法）、基于学习的方法（深度Q网络DQN和深度确定性梯度下降DDPG）和线性规划LP进行性能比较。由于在该环境中不存在层次化结构，所以HELP方法退化为一系列单独决策的分布式智能体，每个智能体基于历史经验进行训练并决策，这种方法被称为基于经验的线性规划（experience based linear programming，ELP）方法。

- 基于随机估计的方法：每一个限制路由器随机地对当前流量中的合法流量进行估计，并据此进行流量丢弃。
- 基于规则的方法：每一个限制路由器根据固定的规则对当前流量中的合法流量进行估计，并据此进行流量丢弃。
- 分布式DQN：每一个限制路由器根据深度Q网络的方法，与环境进行交互并优化其动作。
- 集中式DQN：假设有一个中心智能体可以从其他限制路由器获取所有信息，中心智能体通过DQN算法学习流量丢弃策略，并下发到各个限制路由器。
- DDPG：假设有一个中心智能体可以从其他限制路由器获取所有信息，中心智能体通过DDPG算法学习流量丢弃策略，并下发到各个限制路由器。
- 线性规划LP：假设知道全局合法流量比例，直接使用线性规划算法所得到的理想结果。

实验2主要用于评估层次化结构是否可以应对大规模流量响应问题，所以主要比较了无中心智能体的基于经验的路由器限制方法，即实验1中的ELP方法，与HELP和线性规划LP方法之间的性能，以验证所提出的层次化结构的有效性。

4.5.4 实验结果及其分析

（1）从经验中学习能够有效提升方法性能

表4-5列出了实验1中各个算法的性能比较结果，通过该表中所列的数据明显可以看出，ELP方法虽然略差于使用线性规划方法所得到的最优值，但是无论是相较于学习的方法还是非学习的方法，其性能都有一个本质的提升。也就是说，通过从历史经验中学习能够有效提升DDoS攻击流量识别的有效性，能够提高对正常流量的响应率。

表 4-5　实验 1 中不同方法性能的比较

方法	正常流量响应率	队列长度
随机估计	0.927 4±0.024 8	0.005 2±0.003 1
规则估计	0.939 3±0.021 1	0.004 9±0.002 4
集中式 DQN	0.934 5±0.021 0	0.005 2±0.003 0
分布式 DQN	0.935 9±0.020 6	0.005 8±0.002 9
ELP	0.948 9±0.021 8	0.006 1±0.003 2
DDPG	0.882 0±0.006 8	0.345 7±0.565 3
LP	0.987 4±0.020 0	0.013 7±0.027 2

（2）层次化方法应对大规模问题的有效性

实验 2 中不同方法的性能比较如表 4-6 所示。一方面，通过对比表 4-5 和表 4-6 所示结果可以看到，大规模网络中的线性规划 LP 方法性能比小规模网络差将近 10%，这是因为在实验过程中引入了通信延迟，从而为算法性能带来损失。另一方面，通过比较表 4-6 中不同算法所示的数据，可以发现相较于非层次化方法 ELP，层次化的结构使得 HELP 方法的性能显著提升，也就是说，通过层次结构，不仅可以大幅度缩短模型训练的时间，而且能够使得模型更好地适应不同的情况；因此，在大规模网络环境下，引入分层结构是必要的，而且是合适的。

表 4-6　实验 2 中不同方法性能比较

方法	正常流量响应率	队列长度	时间成本/h
ELP	0.850 4±0.018 4	0.064 2±0.058 5	5.208 3±0.132 0
HELP	0.864 4±0.018 3	0.048 4±0.078 3	3.190 6±0.181 2
LP	0.882 0±0.016 3	0.018 1±0.009 2	1.668 8±0.053 0

（3）存在的不足和下一步工作

虽然通过模拟实验验证，本书提出的 ELP 和 HELP 方法可以用于不同规模的网络中，有效应对 DDoS 攻击。但是，目前的工作还存在一系列的不足，要想将相关方法运用到实际的 DDoS 攻击防御过程之中，仍然具有很多工作要做。主要表现在三个方面：

一是模拟网络架构比较简单。目前实验中的模拟网络，其拓扑结构还比较简单，特别是节点之间的连接关系比较单一，缺乏对多链路、多路由相关配置的模拟，而且缺乏对各种异常处理机制的考虑，使得仿真的结果不够真实。后期将结合国内互联网真实网络拓扑架构进行模拟仿真，将树形网络拓扑结构改为灵活性更强的网状结构，突出多链路、多路由之间的相互配合关系，使得仿真结果更为接近实际情况。

二是真实环境下很难获取奖励信息。在真实环境中，很难获取每个路由位置处的合法流量和攻击流量的信息，因此就很难获取每次行动的奖励信息。而奖励信息对于强化学习的模型训练更新至关重要。如何将算法迁移至真实环境中是下一步需要考虑的重点问题。在这个过程中,可以结合软件定义网络、内生安全架构等网络领域的新思想、新技术,提出新型网络安全防御模型,进而有效指导 DDoS 攻击的防御。

三是 DDoS 流量具有突发性。在真实的网络环境中,DDoS 流量一般具有突发性和随机性,在攻击发生时的流量数据分布与平常的流量数据分布并不相同,这是一个典型的概念漂移的场景。如何能够保证在数据发生概念漂移的情形下,准确地估计出异常流量的大小进而进行防御,是现有模型需要考虑的另外一个难题。在下一步,将针对这个方面进行有针对性的优化,在现有模型的基础上融入异常检测模型,使得模型具有更强的泛化能力。

4.6 小结

在本章中,主要针对网络安全策略的智能化生成展开讨论。在日常网络安全管理中,通过抓取和分析目标网络流量来识别和发现用户恶意行为是较为常用的恶意用户检测技术。在本章中,通过将强化学习技术引入网络安全策略生成的领域,分别针对面向对抗的网络安全防护策略智能生成、面向未知威胁的分布式拒绝服务攻击防护和基于经验的分层路由器限制策略生成等三个场景,将网络安全管理员建模成为一个或多个智能体,通过实施不同的安全策略并接收反馈,迭代式地实现对安全管理策略的智能提升。模拟实验表明,上述方法具有良好的效果,能够有效提高基于人工的网络安全防护策略的有效性。

第5章　网络安全策略配置智能管理平台

在讨论了网络运维脆弱性后,本章提出了一种新型的网络安全策略配置智能管理平台的原型,它针对目前我国园区网络访问控制策略配置中普遍存在的"访问控制配置宽松、配置异常检测困难、应急响应缺乏针对性"等问题,提出基于虚实结合的网络基础环境,对网络安全策略进行集中化异常检测,以及对安全威胁进行智能化响应的新方法,能够有效提升网络安全管理的针对性和智能化水平。

5.1　现实背景

目前,在我国以大型企业网络为主的园区网络中,实施的最主要的安全策略是访问控制策略,它的具体表现为一系列访问控制列表分布在防火墙、路由器、交换机和终端等多个设备上。这些访问控制列表缺乏集中分析和智能化生成手段,普遍存在的"访问控制配置宽松、配置异常检测困难、应急响应缺乏针对性"等问题严重制约着网络实时安全风险评估和威胁处理速度。

(1) 访问控制配置宽松

在网络空间的安全管理中,各种规定、制度、规范最终会表现为各种安全设备上的防护配置。在实际网络管理过程中,受制于管理人员的安全意识和学识水平,常常会出现访问控制配置宽松的情况,特别是高危 IP、高危 URL、高危端口未被屏蔽的情况十分常见,严重影响安全防护的有效性。

(2) 配置异常检测困难

网络设备上的安全配置常常会随着网络服务、用户的变化而动态变化。安全设备配置经过长时间的不断调整,常常会出现策略间相互冲突、相互屏蔽等异常状态,特别是由于缺乏对网络整体安全策略建模的工具,常常难以精确验证分布在不同设备上的安全策略是否能够满足网络整体安全防护的需求。

(3) 应急响应缺乏针对性

在当前企业内部网络的安全策略管理上,另一个严重问题是应急响应缺乏针对性。对于网络防御系统、防病毒系统、安全审计系统等系统提供的报警信息,只能将其作为一个个零散事件进行处理,无法将其与网络安全策略信息、网络拓扑信息等整合进行综合分析和风险研判,使得应急响应措施缺乏对网络安全长期风险的预判和对应处置。

为此,本章提出了一种新型的"网络安全策略配置智能管理平台",它充分利用企业网络中设备部署、设备连接关系、网络服务部署等信息均可知可控这一优势,运用本书第二章中提及的网络基础建模技术,预先生成一个与物理网络相同的虚拟网络拓扑,实时收集配置在网络安全设备上的安全策略,并将二者进行集中化的关联和分析,达到及时发现网络安全策略配置异常、量化网络报警威胁风险、智能化生成对抗策略的效果。

5.2 总体架构

网络安全策略配置智能管理平台在设计上充分运用模块化、组合化的理念,将整个系统在物理上、逻辑上分为若干模块,模块之间相互支撑,协同完成这个系统的整体功能。

5.2.1 功能模块划分

网络安全策略配置智能管理平台的主要功能模块如图 5-1 所示,主要包括虚实结合的网络基础环境构建、安全策略配置异常检测和安全策略配置动态生成三大功能模块。虚实结合的网络基础环境构建模块,其基本功能是采取虚拟结合技术,实现虚拟拓扑和真实设备配置的统一映射和协同管理,从而为发现安全策略异常和威胁快速响应提供基础分析环境。安全策略配置异常检测模块,主要是根据业务需求区分单设备安全策略配置异常检测、多设备安全策略配置异常检测和智能化安全策略配置异常检测等不同场景,针对分散在不同设备上的安全策略配置,进行安全策略异常的综合检测和发现。安全策略配置动态生成模块则实现外部报警源与现有安全策略的联动分析,达到智能化发现和处理深层次网络异常行为的目的。

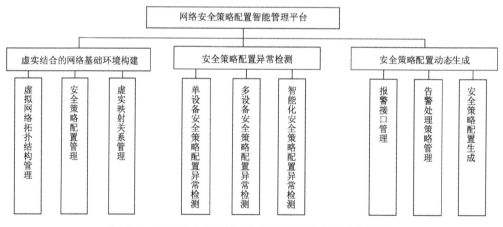

图 5-1 网络安全策略配置智能管理平台主要功能模块

虚实结合的网络基础环境构建模块可以进一步地划分为虚拟网络拓扑结构管理、安全策略配置管理、虚实映射关系管理等子模块。其中,虚拟网络拓扑结构管理主要是管理导入的虚拟网络拓扑结构,以方便快捷的方式向用户展示当前网络设备、连接关系、服务部署等信息,从而为后期配置分析奠定基础;安全策略配置管理模块负责与网络上实际部署的网络设备、安全设备进行数据交互,同时具备设备配置采集和下发两个功能,为配置的统一分析和集中下发提供基础支撑;虚实映射关系管理模块负责将物理设备和虚拟拓扑上的节点进行一一映射,实现设备实际配置和虚拟网络空间之间的连接,以保证能够在统一的虚拟网络结构下对分散在各个设备上的配置进行分析。

安全策略配置异常检测模块可以进一步划分为单设备安全策略配置异常检测、多设备安全策略配置异常检测和智能化安全策略配置异常检测等子模块。其中,单设备安全策略配置异常检测模块主要集中于单台设备上的安全策略配置异常检测,检测这些策略配置中是否存在着冗余策略、隐藏策略、可合并策略和空策略;多设备安全策略配置异常检测则对分布在多台设备上的安全策略配置进行集中检测,检测这些策略配置中是否能够协同实现网络整体安全防护目标,是否存在潜在的疏漏和弱点;智能化安全策略配置异常检测则根据已有的安全策略配置发现潜在配置范式,进而发现新增加的安全策略配置中可能存在的异常,从而实现对安全策略配置的实时监管。

安全策略配置实时生成模块可以进一步划分为报警接口管理、告警处理策略管理、安全策略配置生成等子模块。其中,报警接口管理模块负责管理系统接收外部报警源报警信息的接口,包括对其访问路径、端口号、身份认证信息等进行规范;告警处理策略管理负责管理告警处理策略,明确针对什么样的告警进行什么样的处理,从而为安全策略配置生成提供上层指导;安全策略配置生成模块负责根据告警处理策略,结合网络基础信息,选择安全设备并生成具体的安全策略,从而达到实时响应、阻止网络被进一步破坏的目的。

5.2.2　逻辑架构

网络安全策略配置智能管理平台的逻辑架构如图 5-2 所示,它是一个客户端/服务器(C/S)和浏览器/服务器(B/S)架构混合的结构。与管理平台交互的实体共有三类,分别是管理员、外部报警源(安全设备)和配置采集源(网络设备或安全设备)。其中,管理员与平台之间的交互主要采用 B/S 架构,管理员作为客户端,通过浏览器访问平台的用户接口,实现信息查询和功能访问;外部报警源和配置采集源与平台之间的交互都采用 C/S 架构,但是外部报警源在与平台交互时,是作为客户端主动向平台上报告警信息的,而配置采集源却是作为服务端,响应平台下发的配置获取或更新指令。

网络安全策略配置智能管理平台在逻辑上主要可分为用户展示层、逻辑处理层和数据存储层,综合实现数据存储、逻辑处理等功能,并为网络管理人员提供用户接口。

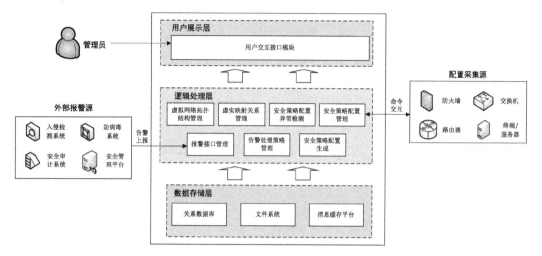

图 5-2　网络安全策略配置智能管理平台逻辑架构

用户展示层以 Web 形式为管理员提供用户交互接口，主要提供信息展示和业务处理两大类接口。在信息展示层面，主要分为网络基础信息展示、安全策略配置信息展示、策略配置异常信息展示、外部告警信息展示、告警处理结果展示等接口，涵盖用户导入的信息、从外部收集到的信息，以及平台自身生成的信息；在业务处理上，主要包含网络基础信息导入、网络设备信息维护、虚实关系映射、安全策略配置收集、安全策略配置异常检测、警报处理规则配置、报警事件处理等交互模块，协同完成平台的主要任务。

逻辑层处理包含各种功能模块，内置各种业务处理逻辑，能够根据用户指令信息，以及用户导入的网络实体信息和实体关系信息进行建模，形成统一的网络安全防护模型，并在此基础上分析从各种网络设备上采集的安全策略，发现存在的策略配置异常，针对各种报警源信息，进行针对性处理，生成对应的安全策略并写回设备。

数据存储层则综合使用关系数据库、文件系统和消息缓存平台，实现对相关信息的统一存储。其中，绝大部分信息都以数据表的形式存储在关系数据中，只有网络基础信息以文件的形式存储在文件系统中，以满足大规模虚拟网络建模的读写速度需求。另外，为了满足多源报警消息的快速处理，系统引入了大规模的消息处理平台，实现对大规模、分布式报警消息的收集和处理。

5.3　技术路线

网络安全策略配置智能管理平台在建立虚实结合的网络基础环境的基础上，综合利用多维度网络安全策略异常检测方法和安全策略配置动态生成方法，实现了个性化的网络安全策略异常检测和威胁处理。在技术路线上，也可以通过以下三个方面进行分析。

5.3.1　虚实结合的网络基础环境构建

虚实结合的网络基础环境构建,其核心是将网络基础环境中的"虚"的部分与安全设备配置中的"实"的部分进行关联。在这里,首先需要解决为什么要"虚实结合"的问题。

总的来说,为了满足安全策略配置异常分析的需要,构建网络基础环境时需要大量的信息,如网络实体、实体关系等,但是这些信息很难全部通过技术手段获得。部分信息,如网络设备的数量、所处空间等,必须通过人工的方式进行采集和格式化;部分信息,如网络拓扑关系,虽然有一些技术方法可以依托,但是受制于现有技术的发展,得到的信息还不系统、不完整,很难满足高精度网络基础环境构建的需求,还需要人工予以干预和校正,所以在网络安全策略配置智能管理平台中将这些数据变为"虚"数据。所谓的"虚",是指这些数据的真实性和正确性由导入数据的管理员负责维护,平台不对其进行校验。对应地,所谓的"实"数据,就是通过技术手段从目标网络空间中采集来的数据,主要是目标设备上的配置信息和安全策略等信息,平台对这部分数据的真实性进行校验,保证其真实性和完整性。平台通过对"虚"数据和"实"数据进行整合,形成完整、统一的网络基础环境,为后期分析提供底层支撑,其基本流程如图 5-3 所示。

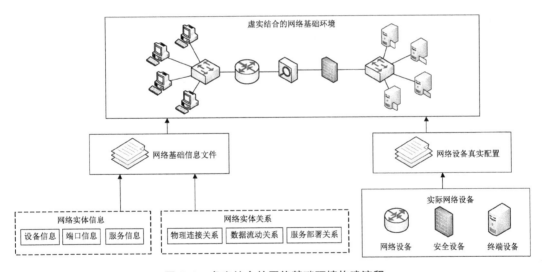

图 5-3　虚实结合的网络基础环境构建流程

平台中导入的"虚"数据主要以网络基础信息文件的形式表示。该文件详细描述了目标网络的实体信息和实体关系,实现了对目标网络的整体建模。其中,网络实体信息包括设备信息、端口信息和服务信息,网络实体关系包括物理连接关系、数据流动关系和服务部署关系。可以看出,网络基础信息文件中实体类型和实体关系类型远远少于表 2-1 所列举的网络实体类型,以及表 2-3 所列举的网络实体关系类型。这是因为在网络安全策略配置智能管理平台功能上,主要是对网络域内的相关信息进行建模,除考

145

虑网络设备之间的拓扑关系外,基本上不考虑网络实体在物理域、信息域上的相互关系,也不考虑它们对用户权限造成的影响。

平台中的"实"数据,主要以配置文件或配置交互信息的形式表示。在平台与网络设备进行交互时,主要通过模拟 SSH 和 Telnet 命令的方式进行,但是由于不同的网络设备在命令实现时具有一些差异,所以在采集时,需要根据目标设备的品牌和型号进行区分命令集,实现相应数据的采集。

为了使"虚"数据与"实"数据有机融合,需要将"虚"数据中的网络实体与"实"数据中的网络配置进行关联,这种关联主要包括两个方面:

- 实体关联。其基本目标是将"虚"数据中出现的各种网络实体与实际采集到的网络实体信息进行关联,以满足对安全策略配置分析的需求。具体需要关联的实体信息包括设备实体、接口实体、服务实体、信息实体等,其中,设备实体主要通过设备名称或 IP 地址等属性进行关联,接口实体主要通过其所属的网络设备和接口名称等属性进行关联,服务实体主要通过网络服务的名称、部署的接口和开放端口等属性进行关联,信息实体主要通过信息内容等属性进行关联。
- 网络接口连接关系映射。其基本目标是将网络设备上实际配置的安全策略映射到网络拓扑的某条边上。在网络设备的实际配置过程中,一般需要指定将特定的网络控制列表添加到某条链路上,如添加到"eth0→eth1",代表所有从该设备的 eth0 端口转发到 eth1 端口的数据流,均通过该访问控制列表进行过滤。所以在虚实结合的网络基础环境构建上,需要将所有的网络控制列表集合映射到对应的网络接口连接关系上,这种映射主要通过起始网络接口的名称进行。

依赖导入的"虚"数据,网络管理员可以得到网络拓扑连接和数据流动关系网络,可以分析得到设备到服务的路径(通常会沿着网络拓扑结构中最短边传输数据)。依赖采集到的"实"数据,可以获得真实的网络策略配置信息,分析哪些数据流可以流经哪条网络拓扑。在实现了"虚"数据和"实"数据的映射后,就可以将真实的网络安全策略配置中的访问控制策略与虚拟的网络拓扑连接进行关联分析,进而分析出在配置这些网络安全策略下,网络用户能否访问某个网络服务,最终将这个信息与网络用户的实际权限进行对比,为多维度的网络安全策略配置异常发现和自动生成提供基础。

5.3.2 安全策略配置异常检测

安全策略配置异常检测的基本目的是发现目标网络中安全策略配置的异常。在这个过程中,首先需要定义什么是安全策略配置的异常,这个问题看似简单,但是涉及"什么是网络安全,怎么才能保证网络安全"这个根本性的问题。由于本平台主要针对分布在不同设备上的网络访问控制策略进行异常检测,所以,可以初步将安全策略配置异常分成三个方面,即访问控制策略冲突、网络攻击面防护缺失、访问控制策略语义合规性异常。

- 访问控制策略冲突。访问控制策略冲突是指两条访问控制策略之间出现冲突的情况，它是从单一的网络安全设备的角度来发现访问控制策略异常，具体地，指配置在同一链路上的访问控制策略之间存在冗余策略、隐藏策略、可合并策略和空策略等情况，这些策略冲突的含义如表 5-1 所示。
- 网络攻击面防护缺失。网络攻击面防护缺失是指允许访问网络服务的主体限制过于宽泛对可能攻击限制不够、网络攻击面暴露过大等问题。为了能够对网络攻击面防护缺失进行判断，需要对网络空间进行整体建模，发现能够访问网络服务的主体，并针对特定的安全目标进行比较。
- 访问控制策略语义合规性异常。访问控制策略语义合规性异常主要是指生成的访问控制策略不符合组织的安全规范和控制要求，这种安全规范和控制要求既可以是以各种规定的形式形成的正规文本，也可以是网络安全管理员在实践过程中形成的有意识或无意识的准则。

表 5-1　访问控制策略冲突

冲突类型	详细描述
冗余策略	如果在同一策略集内，匹配一条高优先级策略的所有数据流会完全匹配另外一条低优先级策略，且两条策略的策略行为相同，删除高优先级策略不会产生任何影响，此时，该高优先级策略会被认为是冗余策略
隐藏策略	如果在同一策略集内，匹配一条低优先级策略的所有数据流都会匹配另外一条高优先级策略，那么删除该低优先级策略不会产生任何影响，此时，该低优先级策略被认为是隐藏策略
可合并策略	同一策略集内，两条策略所匹配的数据流，其属性信息只有一项不同时，则认为两条策略是可以合并的策略
空策略	当匹配某条策略的数据流的必要属性为空时，此时该条策略不能被任何数据流所匹配，则认为该策略为空策略

为了解决多种网络安全策略异常的统一分析和发现的问题，本平台提出了一种多维度网络安全策略异常发现框架。该框架针对上述三种安全策略配置异常，分别利用单设备安全策略配置异常检测、多设备安全策略配置异常检测和智能化安全策略配置异常检测三种工具，分别利用访问控制策略冲突分析模型、网络攻击面分析模型和访问控制语义异常分析模型三种工具，实现对应的检测，该框架的整体结构如图 5-4 所示。

其中，单设备安全策略配置异常检测主要是针对单一设备上的安全策略，发现其可能的冗余策略、隐藏策略、空策略和可合并策略；多设备安全策略配置异常检测的主要流程是首先发现各个网络服务的访问路径，然后根据其可能的网络攻击暴露面，发现可能的防护服务及异常策略；智能化安全策略配置异常检测主要是根据现有网络安全策

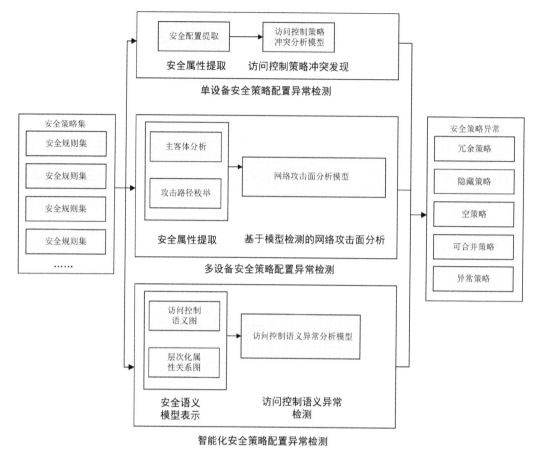

图 5-4　多维度网络安全策略异常发现框架

略训练神经网络,智能化分析新增加的安全策略是否符合现有整体安全策略。三种方法的具体思路将在 5.4 节进行具体讲解。

5.3.3　安全策略配置动态生成

　　网络安全策略配置智能管理平台的另外一个核心功能,是根据外部告警设备所发出的告警信息,智能化地生成对应的安全策略,并选择合适的安全防护设备进行下发,从而实现对外部告警的智能化响应。这里的安全策略,主要指分布在不同设备上的访问控制列表,这些访问控制列表可以针对源地址、源端口、目的地址、目的端口、协议类型等基础信息实施,也可以针对高级应用类型和特征实施。

　　在对外部告警进行智能化响应的过程中,其核心是对可能实施的安全防护策略进行编排,预先生成各种可能威胁的处理方案,这种方案被称为告警处理策略模板。对于一个园区网络来说,可以预先生成十几个到几十个模板,规范告警处理策略,从而达到自动生成和下发安全策略配置,对外部告警进行响应的目的。其主要流程如图 5-5 所示。

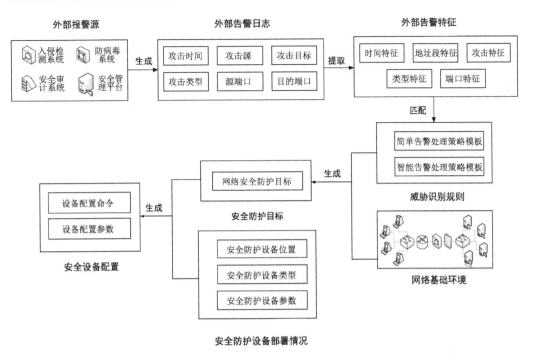

图 5-5　外部告警智能化响应流程

（1）外部告警处理规则模板构建

外部告警处理规则模板构建一般是在平台部署的阶段就需要完成的一项工作。所谓的外部告警处理规则模板，是指根据预想的各种方案，对不同类型的告警进行处理的一种规范，简单地说，就是"对于什么样的告警，生成什么样的防护规则"。从访问控制规则的特点来说，实际上是决定在什么位置，阻止什么样的数据流通过的过程。

决定阻止什么样的数据流通过似乎是一个十分简单的问题。因为既然要对外部告警进行处理，那么就直接提取外部告警的特征，然后根据这个告警的特征进行阻断就可以了，但是在实践过程中，存在着两个方面的问题：

● 告警的特征比较广泛，从不同的维度进行衡量将会得到不同的特征。例如，如果从简单特征的角度进行衡量，则将会从地址范围、端口号、协议类型等角度选取特征；如果从统计特征的角度进行衡量，则将会从告警的数量、频率，以及被告警数据流的传输速率、吞吐量、延迟、抖动、丢包率等角度选取特征；如果从数据流随机性的角度进行检验，则可以从近似熵检验、分组内频数检验、累加和检验、非重叠模式匹配检验等角度选取特征。这些特征都能从不同侧面反映数据流的一定特点，也意味着在进行告警处理时，需要选取合适的角度提取告警特征。

● 外部告警设备一般存在一定的误警率，需要对告警信息进行分类筛选，选择合适的告警信息进行处理。那么，如何筛选这些告警信息，合理判断一条告警信息是否需要被处理也是一个必须解决的问题。针对这个问题，比较简单的想法是将外部告警划分为不同的等级，对高威胁警报进行及时处理，对低威胁警报进行归

149

并处理或记录,以实现多层次告警处理的要求。

在本平台上进行外部告警处理规则模板设计时,从三个方面对"处理什么样的告警,怎样处理告警"进行了规范。

- 针对"处理什么样的告警"这个问题,平台提供对告警的次数频率、网络特征、数据流特征、随机特征等多种特征进行提取的接口,允许用户指定不同的方式对数据流特征进行提取,进而对符合特定特征的数据进行自动处理。需要注意的是,在提取特征时,可以根据报警的源地址对多个报警数据进行整合,进而进行特征提取,也可以根据报警的目标地址对报警数据进行整合。

- 针对"怎样处理告警"这个问题,在引入杀伤链模型的基础上,根据所攻击资产的位置和价值,对该攻击所产生的后果进行评估,将其分为严重、较严重和一般等多个等级,对应进行自动处理、提出处理建议和仅告警等处理方式,从而实现对不同级别告警的分类处理。

- 除此之外,平台还为用户提供了拟加固设备的选择倾向的选项,以满足安全设备自动加固的需要。一般来说,如果是对攻击源进行处理,因为需要避免攻击源攻击更多的目标设备,那么就应该选择靠近攻击源的安全设备进行处理;反之,如果是对攻击目标进行处理,因为需要避免更多攻击源去攻击它,所以应该选择靠近攻击目标的安全设备进行处理。

(2)外部告警收集与特征提取

本平台所研究的外部告警来自外部的安全设备,这些安全设备可以包含入侵检测系统、入侵防御系统、用户审计系统、防病毒网关等,这些安全设备的主要功能是对网络数据流或网络行为数据进行分析,判断可能发生的异常情况,并以告警的方式向管理员进行报告,所以,本平台可以对这些外部告警进行收集,并针对性地生成安全策略配置。

在收集到外部告警后,平台首先对外部告警的特征进行提取,正如上文所分析的那样,对外部告警进行特征提取的方式有很多,平台允许管理员从四个方面对外部告警的特征进行提取,分别是简单特征、统计特征、随机性特征和智能化特征。

- 简单特征一般是直接提取外部告警所携带的特征。这些特征包括告警设备、告警事件、告警等级、攻击地址、被攻击地址、攻击类型等,这些信息一般是外部告警设备对当前攻击所给予的初步判断,可以为攻击分类提供第一手资料。

- 统计特征是通过对外部告警进行统计而获得的相关特征。相关统计可以分为两个层面。一是对告警信息进行统计,如告警次数、告警频率、告警平稳性等信息,它是将告警信息作为一个随机变量,并对其统计而得到的统计量;二是对同一类型的告警,提取其对应的网络数据流或网络行动的细节信息,如网络数据流的载荷信息,并对其进行统计而形成的统计信息,如对应数据流的平均传输速率、数据量大小、网络延迟、网络抖动、网络丢包率等信息。相对于简单特征,统计特征是对于告警的深层次分析,它不依赖于原始安全设备对告警的分析,能够得到更多的原始攻击特征。

- 随机性特征是单独的一类统计特征,起初主要应用于密码算法的随机性检验过程中,但是近年来的一些研究发现,随机性特征能够作为一个重要的标准,用于网络流量的分类和识别。那么类似地,随机性特征也可以作为一种独有的特征,对与告警相关的网络数据流进行特征提取,从而为后期告警自动处理提供准确的依据。具体随机性特征含义见表 5-2。

- 智能化特征是指利用机器学习,特别是深度学习方法,对告警或告警所关联的数据流进行特征提取,所形成的特征主要是各个字段之间的关联关系。通过神经网络或其他特征提取工具,可以提取出目标字段中的复杂特征,但是由于神经网络本身是不可解释的,所以智能化特征是与平台所处的环境具体相关的,一般由目标客户依照目标网络的特点进行针对性提取,从而可以满足自身的个性化需求。

表 5-2　随机性特征及其含义

序号	特征名称	含义
1	近似熵特征	特定长度模式出现频率的熵值
2	分组组内频数特征	对序列分组后每个子序列中 1 的个数
3	累加和特征	序列累加和的最大值
4	离散傅里叶变换特征	序列进行傅里叶变换后的频率幅值
5	单比特频数特征	序列中 1 的个数
6	线形复杂度特征	用 Berlekamp-Massey 算法计算每个子序列的线形复杂度
7	组内最长游程特征	对序列分组后每个子序列的最长游程长度
8	非重叠模式匹配特征	某特定模式的出现次数
9	重叠模式匹配特征	某特定模式的出现次数
10	随机游走特征	随机游走中各循环到达距离原点特定长度位置的次数
11	随机游走变体特征	随机游走中到达距离原点特定长度的位置的总次数
12	二进制矩阵秩特征	将序列构造成 N 个矩阵,计算每个矩阵的秩
13	游程特征	序列中的游程个数
14	串行特征	特定长度模式出现的频数
15	Maurer 通用统计特征	特定长度子序列的所有模式中,相同模式间间隔距离的位数

（3）网络安全防护策略生成

网络安全防护策略生成的主要任务,是根据外部告警信息的特征,对预先构建的外部告警处理规则模板进行匹配,如果满足特定的外部告警处理规则,则根据该模板所指定的防护动作,生成网络安全防护目标,并结合安全防护设备的部署情况,生成对应的安全设备配置参数和安全设备配置命令,并利用管理接口进行下发,达到更安全的防护设备配置,提升目标网络安全防护水平的目的。在这个过程中,实际上分为安全防护目标生成、安全设备配置生成和安全设备配置下发三个阶段。

安全防护目标生成阶段中,主要是将实际告警或数据流的特征与外部告警处理规则模板进行匹配,并从中提取对应的防护动作。例如,某个外部告警处理规则模板为:"如果在1个小时内,发现某个IP地址向外攻击5次,那么禁止该IP地址所有向外的连接",那么当在某个时间段内,先后收到外部设备5次告警,报告IP地址为192.168.3.250的设备向外发动攻击,此时,告警的统计特征(发生5次攻击)与外部告警处理规则模板相匹配,那么就提取该规则中的动作部分,即"禁止该IP地址所有向外的连接",形成对应的安全防护目标,即"禁止IP地址192.168.3.250向外的所有连接"。

安全设备配置生成阶段中,主要是根据上阶段形成的安全防护目标,结合安全防护设备的部署情况,找到需要下发安全策略配置的设备,并形成对应的安全设备参数。比如在上例中,为了能够禁止IP地址192.168.3.250向外的所有连接,那么首先需要找到IP地址为192.168.3.250这个设备所处的位置,然后结合网络拓扑连接关系,得到该设备访问所有网络服务的路径。接着,在每个路径中,均找到一个安全设备作为下发安全设备的备选设备。对于在不同路径中找到的备选设备,它们可能相同,所以需要对相应的备选设备进行去重,进而形成最终需要下发安全防护配置的设备列表。最后,结合这些设备的类型,形成对应的安全配置参数,如在上例中,对于防火墙设备,一般是形成对应的访问控制列表,对于"禁止IP地址192.168.3.250向外的所有连接"这个安全目标,则生成对应的访问控制策略"deny 192.168.3.250 any any"。

安全设备配置下发阶段中,主要是将上阶段所生成的安全设备参数通过设备的管理接口和管理协议进行下发。平台与安全设备的交互方法根据不同的设备类型而不同,一般可以分为三种:一是导入、导出设备配置的方法。目前主要的网络设备均支持对其配置进行导出,通过分析导出的配置文件能够获取所有的设备配置,这种方法相对比较简单,但缺点是难以在线实时进行。二是模拟Telnet或SSH的方法。为了能够实现对网络设备配置的实时获取,可以通过软件模拟Telnet或SSH的方法,远程连接设备并获取相关配置,这种方式编程难度不大,但是难点在于不同的设备获取配置的命令和参数并不完全一致,需要完成大量的设备适配的工作。三是使用NetCONF协议。NetCONF协议是一种专门用于获取设备配置的网络协议,通过NetCONF协议可以快速地获取网络设备的配置,而且结果具有一致性;但是目前支持NetCONF协议的设备相对较少,还有大量的设备不支持该协议。

5.4 关键技术

5.4.1 网络虚拟拓扑文件设计

网络虚拟拓扑文件是以文本的方式,对网络空间内的实体和关系进行描述,其基本思想是通过特定格式的语句，实现不同实体或实体关系的描述。一个典型的网络虚拟拓扑文件如图 5-6 所示。

图 5-6 虚拟拓扑文件示例

在虚拟拓扑文件中，主要涉及的语句包括以下 7 种：

（1）Node 语句

Node 语句用于描述网络空间中的实体，基本格式为"node：（nodeNum，nodeName，nodeType）"，其中，nodeNum 为该实体的唯一编号；nodeName 为该实体的唯一名字标识；nodeType 为该实体的类型，可以取值为"P、O、N、S、F、I、U"，分别代表空间实体、设备实体、端口实体、服务实体、文件实体、信息实体和人员实体。

（2）Edge 语句

Edge 语句主要描述实体之间具有某种关系，其基本格式为"edge：（edgeNum，nodeName1，nodeName2）"，其中 edgeNum 是该边的编号；nodeName1 和 nodeName2 均为某个已经定义的实体的名字，代表实体 nodeName1 到 nodeName2 存在某一种关系。需要注意的是，在 Edge 语句中不指定这个关系的类型，因为关系的类型可以通过 nodeName1 和 nodeName2 的类型判断出来。

（3）DeviceKindSet 语句

DeviceKindSet 语句主要明确设备的具体类型，其基本格式为"deviceKindSet：（nodeNum，deviceType）"，其中 nodeNum 是某个实体的编号；deviceType 取值包括"Cloud、Terminal、Server、Firewall、IPS、WAF"等，用于指示设备的类型。

153

（4）EdgeAbilitySet 语句

EdgeAbilitySet 语句主要设置网络边的能力，其基本格式为"edgeAbilitySet：（edgeNum，edgeAbility）"，表示编号为 edgeNum 的边具有 edgeAbility 所指定的能力。edgeAbility 的取值包括" spaceACL、addressACL、flowACL、informationACL、encryption、decryption、audit"等，表示该边具有物理域访问控制、基于网络地址的访问控制、基于流类型的访问控制、信息域访问控制、加密、解密、审计等能力。

（5）PortAddressSet 语句

PortAddressSet 语句主要设置接口地址，其有两种格式：

第一种基本格式为"portAddressSet：（nodeNum, kind, ip, mask, ［gateway］)"，表示 nodeNum 代表的接口具有的 IP 地址。当 kind 的值为"singleIPAddressWithGate"时，表示其具有一个带网关的 IP 地址；当 kind 的值为"singleIPAddressWithOutGate"时，表示其具有一个不带网关的 IP 地址。

第二种基本格式为"portAddressSet：（nodeNum, kind, ipFrom, ipTo, ［gateway］)"，表示 nodeNum 代表的接口具有的 IP 地址。当 kind 的值为"rangeIPAddressWithGate"时，表示其具有多个带网关的 IP 地址；当 kind 的值为"rangeIPAddressWithOutGate"时，表示其具有多个不带网关的 IP 地址。

（6）ACLSet 语句

ACLSet 语句主要负责设置当前的 ACL，其基本格式为"ACLSet：（edgeNum, acl, aclnum）"，表示编号为 edgeNum 的边上具有一条访问控制列表 acl，该访问控制列表的编号为 aclnum。

根据不同的访问控制列表类型，访问控制列表的表示方式不同，主要包括基于地址的访问控制列表、基于特征的访问控制列表、物理与访问控制列表等，具体格式相对比较烦琐，在此不再赘述。

（7）encryptionKeySet 语句

encryptionKeySet 语句主要设置加密密钥，其基本格式为"encryptionKeySet：（edgeNum，key）"，表示编号为 edgeNum 的边可以使用 key 来进行加密和解密，其中 key 是某个信息实体的编号，代表将经过边的信息通过 key 来进行加密或解密。

5.4.2　访问控制策略冲突检测

访问控制策略冲突检测的目的主要是发现安全设备上可能出现的冗余策略、隐藏策略、可合并策略和空策略，其检测的对象是单一的安全设备，检测这些策略的基本方式是通过对 IP 地址、IP 地址区间、端口号、端口号区间、协议、选项等安全配置元素进行形式化描述，得到相应的包含和被包含关系，然后对各个策略进行两两比对，得到相应的策略冲突。在这个过程中，主要涉及访问控制属性形式化定义、基础运算形式化定义、访问控制策略的形式化定义、访问控制策略冲突检测等内容。

（1）访问控制属性形式化定义

在形式化定义访问控制策略之前，需要对访问控制策略中使用的访问控制属性进行形式化定义，主要包括 IP 地址、IP 地址区间、端口号、端口号区间、协议、选项等。

IP 地址的集合被定义为 IPADDR，代表所有合法的 IP 地址的集合。在 IP 地址集合 IPADDR 上定义五个二元关系"$>$""$=$""$<$""$\geqslant$"和"$\leqslant$"，分别表示两个 IP 地址的大小关系。如果一个以点分十进制表示的 IP 地址 i_1，在去掉"."后形成的数字大于另一个以点分十进制表示的 IP 地址 i_2 在去掉"."后形成的数字，则有 $i_1 > i_2$；如果两个数字相等，则认为 $i_1 = i_2$；如果前者小于后者，则有 $i_1 < i_2$。例如，地址"1.1.1.1"小于地址"2.1.1.1"。IP 地址区间被定义为二元组 (ip_1, ip_2)，其中 $ip_1, ip_2 \in$ IPADDR 且 $ip_1 \leqslant ip_2$。所有可能的 IP 地址区间的集合表示为 IPINTERVAL。

类似地，可以定义端口号和端口号区间。端口号的集合被定义为 PORT，它包含从 1 到 65 535 的所有整数。在端口号集合 PORT 上，同样定义五个二元关系"$>$""$=$""$<$""$\geqslant$"和"$\leqslant$"，分别表示两个端口号对应整数的大小关系。端口号区间被定义为二元组 (p_1, p_2)，其中 $p_1, p_2 \in$ PORT 且 $p_1 \leqslant p_2$。所有可能的端口号区间的集合表示为 PORTINTERVAL。

所有协议的集合被表示为 PROTOCOL，它表示一棵协议树上所有节点的集合。在不同的应用案例下，协议树可以根据访问控制粒度进行扩展，常用的协议树如图 5-7 所示：

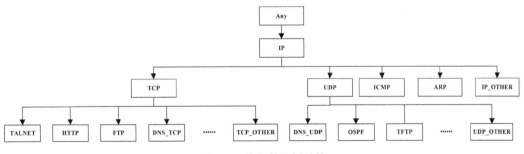

图 5-7　常见协议树结构

在协议树的构造过程中，需要注意两点：一是每一个协议只能够有一个父节点，当某个应用层协议同时使用了两个父协议时（如 DNS 协议在不同的时刻，可能分别使用 TCP 协议和 UDP 协议），可以将其分解成两个协议（如 DNS_TCP 和 DNS_UDP），然后分别进行描述；二是要注意分类的完整性，对于每一个分类，均考虑未知协议的存在，如在 IP 协议的分类中，加入 IP_OTHER 的分类。

类似地，所有选项的集合被表示为 OPTION，它表示一棵选项树上所有节点的集合，一个常用的选项树内主要包括 URL 以及各种 TCP 标志位等，如图 5-8 所示。

（2）基础运算形式化定义

针对区间，可以被定义为"并（$\bigcup$）""交（$\bigcap$）"和"差（—）"三个二元运算，它们的输

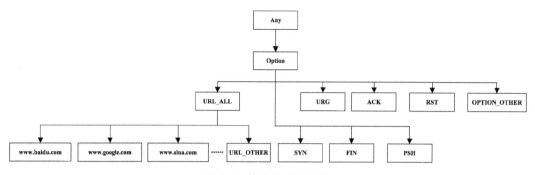

图 5-8　常见选项树结构

入是两个 IP 地址区间或端口号区间,输出为一个 IP 地址区间或端口号区间的集合。

对于两个区间 I_1 : (i_{11}, i_{12}) 和 I_2 : (i_{21}, i_{22}),它们的并操作 $I_1 \bigcup I_2$ 被定义为属于区间 I_1 或区间 I_2 的所有元素所组成的区间集合,如果所有元素能够合并为一个区间(即两个区间存在交叉),则返回一个完整的区间,否则返回一个包含 2 个区间的集合。

对于两个区间 I_1 : (i_{11}, i_{12}) 和 I_2 : (i_{21}, i_{22}),它们的交操作 $I_1 \bigcap I_2$ 被定义为同时属于区间 I_1 或区间 I_2 的元素所组成的区间集合,如果两个区间存在交叉,则返回一个区间,否则为一个空区间。

对于两个区间 I_1 : (i_{11}, i_{12}) 和 I_2 : (i_{21}, i_{22}),它们的差操作 $I_1 - I_2$ 被定义属于区间 I_1 却不属于区间 I_2 的元素所组成的区间集合,如果两个区间存在交叉,则返回的是区间 I_1 的一个子区间,否则返回区间 I_1。

(3) 访问控制策略的形式化定义

访问控制策略集合可以被定义为 R,对于任意 $r \in R$,均可以被形式化定义为: $r =$ (action, sourAddr, destAddr, sourPort, destPort, protocol, option),表示对特定数据报文的处理方法。

在这个过程中,action 的取值为"permit"或"deny",表示本规则是允许特定的数据流通过还是拒绝特定的数据报文通过;sourAddr 表示该规则处理的数据报文的源地址区间,有 sourAddr⊆IPINTERVAL;destAddr 表示该规则处理的数据报文的目的地址区间,同样有 destAddr⊆IPINTERVAL;sourPort 表示该规则处理的数据报文的源端口区间,有 sourAddr⊆PORTINTERVAL;destPort 表示该规则处理的数据报文的目的端口区间,有 destPort⊆PORTINTERVAL;protocol 表示该规则处理的数据报文的协议,有 protocol⊂PROTOCOL;option 表示该规则处理的数据报文的特殊标记,它是所有可能标记中的一个子集,即有 option⊂OPTION。

(4) 访问控制策略冲突检测

在形式化定义了访问控制策略的各个元素后,即可对访问控制策略冲突进行检测,检测的基本过程为:针对每一条访问控制策略,分别提取其对应的属性信息,然后从上到下进行两两比对,如果发现其满足特定情况,则判断存在冗余策略、隐藏策略、空策略或可合并策略。

对于任意两条访问控制策略 L_1 和 L_2，如果它们对应的执行顺序（数值越小代表执行优先级越高）、执行动作、源地址、源端口、目标地址、目标端口、协议和选项信息分别为 sq_i、$action_i$、sip_i、$sport_i$、dip_i、$dport_i$、$protocol_i$ 和 $option_i(i \in \{1, 2\})$，那么判断 L_1 和 L_2 之间存在访问控制策略冲突的原则如下：

- 当 $sq_1 < sq_2 \wedge action_1 = action_2 \wedge sip_1 \subseteq sip_2 \wedge sport_1 \subseteq sport_2 \wedge dip_1 \subseteq dip_2 \wedge dport_1 \subseteq dport_2 \wedge protocol_1 \subseteq protocol_2 \wedge option_1 \subseteq option_2$ 时，则认定 L_1 为冗余策略。

- 当 $sq_1 < sq_2 \wedge sip_1 \supseteq sip_2 \wedge sport_1 \supseteq sport_2 \wedge dip_1 \supseteq dip_2 \wedge dport_1 \supseteq dport_2 \wedge protocol_1 \supseteq protocol_2 \wedge option_1 \supseteq option_2$ 时，则认定 L_2 为隐藏策略。

- 当 $action_1 = action_2 \wedge DIFF(sport_1, sport_2) + DIFF(dip_1, dip_2) + DIFF(dport_1, dport_2) + DIFF(protocol_1, protocol_2) + DIFF(option_1, option_2) = 4$ 时，认为策略 L_1 和 L_2 为可合并策略，其中，函数 $DIFF(\alpha, \beta)$ 的值当 $\alpha = \beta$ 时为 1，否则为 0。

- 当 $sip_1 = \varnothing \vee sport_1 = \varnothing \vee dip_1 = \varnothing \vee dport_1 = \varnothing \vee protocol_1 = \varnothing \vee option_1 = \varnothing$ 时，认为策略 L_1 为空策略。

5.4.3　网络攻击面防护缺失

网络安全策略的执行一般是依靠各类网络设备和网络安全防护设备所完成的，分布在不同安全设备上的访问控制策略是否能够有效防护网络攻击面，协同完成网络整体安全目标，是网络安全管理所关心的核心问题。多设备安全策略异常检测主要是通过语义形式化的方式，对其进行统一的建模和分析，然后通过分布式安全策略弱点分析算法，准确发现访问控制策略实现与网络安全目标之间的差距，从而达到发现网络安全配置弱点，提升网络安全防护能力的目标。在本部分中，主要包括基础信息形式化定义、分布式安全策略弱点分析算法、细粒度属性构建算法、网络安全目标约减算法等内容。

（1）基础信息形式化定义

在网络攻击面防护缺失的判断过程中，主要是判断分布在网络各个安全设备上的访问控制策略，是否能够协同实现网络安全目标。在这个过程中，需要对网络安全目标、网络拓扑结构等基础信息进行形式化定义。

a. 网络安全目标形式化定义。网络安全目标集合可以被定义为 M，对于任意 $m \in M$，可以被形式化定义为：$m = (sip, dip, sport, dport, protocol, option)$，代表被禁止访问的数据流。其中，$sip$ 表示该规则处理的数据报文的源地址区间，有 $sip \subseteq IPINTERVAL$；dip 表示该规则处理的数据报文的目的地址区间，同样有 $dip \subseteq$

IPINTERVAL；sport 表示该规则处理的数据报文的源端口区间，有 sport $\subseteq$ PORTINTERVAL；dport 表示该规则处理的数据报文的目的端口区间，有 dport $\subseteq$ PORTINTERVAL；protocol 表示该规则处理的数据报文的协议，有 protocol $\subset$ PROTOCOL；option 表示该规则处理的数据报文的特殊标记，它是所有可能标记中的一个子集，即有 option $\subset$ OPTION。

b. 网络拓扑结构形式化定义。网络拓扑结构被形式化为一个有向图 $TG = (N, E, S, R, \mathrm{IV}, \lambda, \delta, \tau)$，其中 N 是网络上所有可能的端口集合，包括网络设备和终端设备的所有端口；E 是边的集合，所有的边为有向图，对于边 $e = (n_1, n_2)$，代表网络数据流可能从端口 n_1 流向端口 n_2；S 为网络服务的集合，表示网络上所有的服务，对于任意 $s \in S$，有 $s = (\mathrm{ip}, \mathrm{port}, \mathrm{protocol})$，其中 $\mathrm{ip} \in \mathrm{IP}$，$\mathrm{port} \in \mathrm{PORT}$，protocol $\in$ PROTOCOL；R 为网络上所有访问控制策略的集合，对于任意 $r \in A$，均是一条访问控制规则；IV 为网络上端口各个直连网络的地址范围的集合，对于任意 $\mathrm{iv} \in \mathrm{IV}$，均有 $\mathrm{iv} \in$ IPINTERVAL；$\lambda: N \rightarrow 2^{\mathrm{IV}}$ 代表一个从节点到地址范围的映射，代表这个节点上所直连的所有子网的地址范围；$\delta: N \rightarrow S$ 代表一个从节点到服务的映射，代表某个节点上部署的服务；$\tau: E \rightarrow 2^{(D \times R)}$ 代表一个从边到有序访问控制规则集合的映射，代表在这条边上部署的访问控制规则，其中 D 为自然数的集合，$D \times A$ 代表自然数集合和安全策略集合的笛卡儿积，$2^{(D \times A)}$ 代表集合 $D \times A$ 的幂集，即集合 $D \times A$ 所有子集所构成的集合。

（2）分布式安全策略弱点分析算法

分布式安全策略弱点分析算法的整体流程如图 5-9 所示，通过调用细粒度属性构建算法、网络安全目标约减算法等，发现访问控制策略实现与网络安全目标之间的差距。

在进行了基础信息建模后，可以对分布式访问控制策略的配置弱点进行集中分析，其主要步骤为：

a. 根据网络安全文档，建立相应的网络安全目标集合 M；根据从各个网络设备和网络安全设备中得到的网络基础信息，建立目标网络的网络拓扑图 $\mathrm{tg} = (N_{\mathrm{tg}}, E_{\mathrm{tg}}, S_{\mathrm{tg}}, R_{\mathrm{tg}}, \mathrm{IV}_{\mathrm{tg}}, \lambda_{\mathrm{tg}}, \delta_{\mathrm{tg}}, \tau_{\mathrm{tg}})$；建立警告集合 A，并将其置空，在所有算法的最后，将 A 作为算法最后的输出。

b. 根据细粒度属性构建算法，建立细粒度属性，主要包括：源地址细粒度 IP 地址区间集合 S_S_IP，目标地址细粒度 IP 地址区间集合 S_D_IP，源端口细粒度端口区间集合 S_S_PT，目标端口细粒度端口区间集合 S_D_PT，协议细粒度集合 S_PL，选项细粒度集合 S_OP。

c. 利用网络安全目标约减算法，对网络安全目标进行约减，约减后的网络安全目标重新构建为集合 M。

d. 针对网络拓扑图上的每一条边 $e_{\mathrm{tg}} \in E_{\mathrm{tg}}$，如果集合 $\tau(e_{\mathrm{tg}})$ 中元素个数大于 1，则利用单链路访问控制规则约减算法来对其进行约减，得到新的 $\tau(e_{\mathrm{tg}})$。

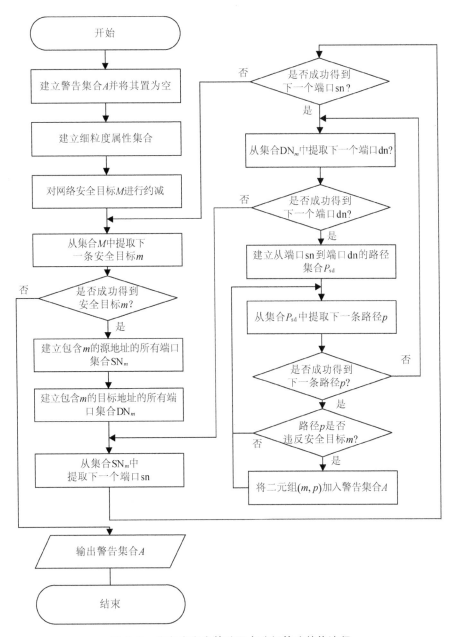

图 5-9　分布式安全策略弱点分析算法整体流程

e. 对于网络安全目标集合 M 中的每一条安全目标 m，分别对其进行分析。首先建立包含该条安全目标 m 的源地址的端口集合 SN_m，先将端口集合 SN_m 置为空；然后逐一分析所有的端口，如果某个端口 n 对应的源地址 $\lambda_{tg}(n)$ 与安全目标 m 的源地址存在交集，则将该端口增加到集合 SN_m；最后，建立与安全目标 m 的目的地址存在交集的所有端口集合 DN_m。

f. 根据端口集合 SN_m 和 DN_m，逐一建立从源端口 $sn \in SN_m$ 到目的端口 $dn \in DN_m$

的所有路径集合 P_{sd}，集合 P_{sd} 中的每一个元素 $p_{sd} \in P_{sd}$，均是一条由端口组成的路径，例如：$(sn, n_1, n_2, \cdots, n_{t-1}, dn)$，其中 $n_1, n_2, \cdots, n_{t-1} \in N_{tg}$。

g. 对于路径集合中的每一条路径，根据网络路径配置安全分析算法来判断其是否符合当前安全目标 m，如果其不符合当前安全目标，则将二元组 (m, p) 加入告警集合 A，否则接着判断下一条路径。

h. 所有流程结束后，输出告警集合 A。

（3）细粒度属性构建算法

细粒度属性构建算法主要将访问控制策略中的各种属性分解成一系列不相交的子区间，这些区间被称为细粒度属性。

算法输入为当前分析的网络安全目标集合 M，以及当前网络拓扑图 $tg = (N_{tg},$ $E_{tg}, S_{tg}, R_{tg}, IV_{tg}, \lambda_{tg}, \delta_{tg}, \tau_{tg})$，返回值为细粒度的属性信息，包括源地址细粒度 IP 地址区间集合 S_S_IP，目标地址细粒度 IP 地址区间集合 S_D_IP，源端口细粒度端口区间集合 S_S_PT，目标端口细粒度端口区间集合 S_D_PT，协议细粒度集合 S_PL，选项细粒度集合 S_OP。

a. 初始化源地址细粒度 IP 地址区间集合 S_S_IP=$\varnothing$，目标地址细粒度 IP 地址区间集合 S_D_IP=$\varnothing$，源端口细粒度端口区间集合 S_S_PT=$\varnothing$，目标端口细粒度端口区间集合 S_D_PT=$\varnothing$，协议细粒度集合 S_PL=$\varnothing$，选项细粒度集合 S_OP=$\varnothing$。

b. 建立源地址细粒度 IP 地址区间集合，即对于每一个网络安全目标 $m \in M$ 或每一个可能的安全策略 $r \in \bigcup_{e \in E_{rg}} \tau(e)$，分别做以下计算：首先，计算该安全目标或安全策略的源地址，并将其存储为 t，即 $t = m.sip$ 或 $t = r.sourAddr$，然后如果 S_S_IP=$\varnothing$，则将 t 加入集合 S_S_IP，否则逐一计算 t 和集合 S_S_IP 中的每一个元素 s_s_ip 的交集。如果 t 与所有元素的交集均为空，则将 t 加入集合 S_S_IP；如果 t 与集合中某个元素 s_s_ip 的交集不为空，则将元素 s_s_ip 删除出集合 S_S_IP，然后将元素 $t \cap s\_s\_ip$ 和 $s\_s\_ip - (t \cap s\_s\_ip)$ 分别加入集合 S_S_IP。

c. 建立目标地址细粒度 IP 地址区间集合，即对于每一个网络安全目标 $m \in M$ 或每一个可能的安全策略 $r \in \bigcup_{e \in E_{rg}} \tau(e)$，分别做以下计算：首先，计算该安全目标或安全策略的目的地址，并将其存储为 t，即 $t = m.dip$ 或 $t = r.destAddr$。如果 S_D_IP=$\varnothing$，则将 t 加入集合 S_D_IP，否则逐一计算 t 和集合 S_D_IP 中的每一个元素 s_d_ip 的交集。如果 t 与所有元素的交集均为空，则将 t 加入集合 S_D_IP；如果 t 与集合中某个元素 s_d_ip 的交集不为空，则将元素 s_d_ip 删除出集合 S_D_IP，然后将元素 $t \cap s\_d\_ip$ 和 $s\_d\_ip - (t \cap s\_d\_ip)$ 分别加入集合 S_D_IP。

d. 建立源端口细粒度端口区间集合，即对于每一个网络安全目标 $m \in M$ 或每一个可能的安全策略 $r \in \bigcup_{e \in E_{rg}} \tau(e)$，分别做以下计算：首先，计算该安全目标或安全策略的源端口，并将其存储为 t，即 $t = m.sport$ 或 $t = r.sourAddr$。如果 S_S_PT=$\varnothing$，则将 t

加入集合 S_S_PT,否则逐一计算 t 和集合 S_S_PT 中的每一个元素 s_s_pt 的交集。如果 t 与所有元素的交集均为空,则将 t 加入集合 S_S_PT;如果 t 与集合中某个元素 s_s_pt 的交集不为空,则将元素 s_s_pt 删除出集合 S_S_PT,然后将元素 $t \cap$ s_s_pt 和 s_s_pt $-(t \cap$ s_s_pt) 分别加入集合 S_S_PT。

e. 建立目标端口细粒度端口区间集合,即对于每一个网络安全目标 $m \in M$ 或每一个可能的安全策略 $r \in \bigcup\limits_{e \in E_{\mathrm{rg}}} \tau(e)$,分别做以下计算:首先,计算该安全目标或安全策略的目的端口,并将其存储为 t,即 $t =$ m. dport 或 $t =$ r. destAddr。 如果 S_D_PT $= \varnothing$,则将 t 加入集合 S_D_PT,否则逐一计算 t 和集合 S_D_PT 中的每一个元素 s_d_pt 的交集。如果 t 与所有元素的交集均为空,则将 t 加入集合 S_D_PT,如果 t 与集合中某个元素 s_d_pt 的交集不为空,则将元素 s_d_pt 删除出集合 S_D_PT,然后将元素 $t \cap$ s_d_pt 和 s_d_pt $-(t \cap$ s_d_pt) 分别加入集合 S_D_PT。

f. 建立协议细粒度集合,即对于每一个网络安全目标 $m \in M$ 或每一个可能的安全策略 $r \in \bigcup\limits_{e \in E_{\mathrm{rg}}} \tau(e)$,分别做以下计算:首先,计算该安全目标或安全策略的协议,并将其存储为 t,即 $t =$ m. protocol 或 $t =$ r. protocol,然后计算在协议树中 t 的子孙内的所有叶子节点,并将其加入集合 S_PL。

g. 建立选项细粒度集合,即对于每一个网络安全目标 $m \in M$ 或每一个可能的安全策略 $r \in \bigcup\limits_{e \in E_{\mathrm{rg}}} \tau(e)$,分别做以下计算:首先,计算该安全目标或安全策略的选项,并将其存储为 t,即 $t =$ m. option 或 $t =$ r. option,然后计算在协议树中 t 的子孙内的所有叶子节点,并将其加入集合 S_PL。

（4）网络安全目标约减算法

网络安全目标约减算法的目标是将现有的安全目标在形式上进行统一,将其描述为一系列相互独立的规则。

网络安全目标约减算法的输入为现有网络安全目标集合 M,以及相应的源地址细粒度 IP 地址区间集合 S_S_IP,目标地址细粒度 IP 地址区间集合 S_D_IP,源端口细粒度端口区间集合 S_S_PT,目标端口细粒度端口区间集合 S_D_PT,协议细粒度集合 S_PL,选项细粒度集合 S_OP,输出为优化后的网络安全目标集合 M,其主要流程为:

a. 建立源地址区间集合 S_IP_TEMP $= \varnothing$,目标地址区间集合 D_IP_TEMP $= \varnothing$,源端口区间集合 S_PORT_TEMP $= \varnothing$,目标端口区间集合 D_PORT_TEMP $= \varnothing$,协议集合 PL_TEMP $= \varnothing$,选项集合 OP_TEMP $= \varnothing$,以及网络安全目标集合 $M' = \varnothing$;

b. 针对每一个网络安全目标 $m \in M$,得到其源地址区间 m. sip,然后在 S_IP_TEMP 中查找所有与 m. sip 交集不为空的元素（根据源地址细粒度 IP 地址区间集合 S_S_IP 的构建方式可知,这些元素均是源地址区间 m. sip 的一个子区间）,并将其加入集合 S_IP_TEMP。

c. 对于同一条网络安全目标 $m \in M$,得到其目标地址区间 m. dip,然后在 D_IP_

TEMP 中查找所有与 m. dip 交集不为空的元素(根据目标地址细粒度 IP 地址区间集合 S_D_IP 的构建方式可知,这些元素均是目标地址区间 m. dip 的一个子区间),并将其加入集合 D_IP_TEMP。

d. 对于同一条网络安全目标 $m \in M$,得到其源端口区间 m. sport,然后在 S_S_PT 中查找所有与 m. sport 交集不为空的元素(根据源端口细粒度端口区间集合 S_S_PT 的构建方式可知,这些元素均是源端口区间 m. sport 的一个子区间),并将其加入集合 S_PORT_TEMP。

e. 对于同一条网络安全目标 $m \in M$,得到其目标区间 m. dport,然后在 S_D_PT 中查找所有与 m. dport 交集不为空的元素(根据目标端口细粒度端口区间集合 S_D_PT 的构建方式可知,这些元素均是目的端口区间 m. dport 的一个子区间),并将其加入集合 D_PORT_TEMP。

f. 对于同一条网络安全目标 $m \in M$,得到其所针对的协议 m. protocol,然后在 S_PL 中查找 m. protocol 的所有子孙节点,并将其加入集合 PL_TEMP。

g. 对于同一条网络安全目标 $m \in M$,得到其所针对的标记 m. option,然后在 S_OP 中查找 m. option 的所有子孙节点,并将其加入集合 OP_TEMP。

h. 对于所有 sip∈S_IP_TEMP, dip∈D_IP_TEMP, sport∈S_PORT_TEMP, dport∈ D_PORT_TEMP, protocol∈PL_TEMP 和 option∈OP_TEMP,建立安全目标(sip, dip, sport, dport, protocol, option),并将其加入集合 M'。

i. 重复 b~h 步,处理所有安全目标,然后执行 $M = M'$。

j. 返回新的安全目标集合 M。

5. 4. 4　访问控制策略合规性异常

访问控制策略合规性异常,主要的使用场景为:在大型机构的网络中,往往存在着多个访问控制设备。处于相似位置的访问控制设备,虽然保护的对象不同,但是一般应符合相同配置规范。在这个过程中,可以对多个类似设备的访问控制配置进行协同异常检测,从而发现错误执行了配置规范的设备。在这个过程中,使用了基于特征映射的多设备访问控制配置协同异常检测方法,其基本流程如图 5-10 所示。其基本过程分为属性特征空间映射、主客体配置语义统一提取和异常检测等模块。

(1) 属性特征空间映射

属性特征空间映射的主要任务是将各个访问控制配置所涉及的访问控制属性集合映射到统一的空间,由于在访问控制属性映射时,属性很难具有一一对应关系,所以在处理时,首先给定一个访问控制属性特征的维度空间,对于待合并的每一个层次化属性图内的节点,均给定一个从访问控制属性到访问控制属性特征的映射矩阵,这样就可以得到多个属性到属性特征的对应关系,之后使用多视角社团发现算法,将所有涉及的属性对应到多个属性关系社团中,从而实现多访问控制列表属性的统一映射。

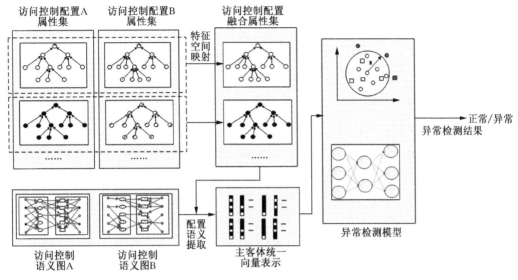

访问控制配置A　访问控制配置B　　访问控制配置
属性集　　　　属性集　　　　融合属性集

特征
空间
映射

正常/异常

异常检测结果

访问控制　　　访问控制　　　配置　　主客体统一
语义图A　　　语义图B　　　语义　　向量表示
　　　　　　　　　　　　　　提取

异常检测模型

图 5-10　基于特征映射的多设备访问控制配置协同异常检测

（2）主客体配置语义统一提取

在将访问控制属性进行了统一映射后，可以得到属性之间的对应关系，之后可以利用访问控制语义图来表示主客体之间的关系，进而利用图神经网络分别提取主客体节点的属性信息，进而得到主客体节点的向量表示。由于这种向量表示基于统一的属性特征空间，从而解决了多个访问控制配置主客体属性表示不一致的问题。需要注意的是，在社团关系发现过程中，不仅仅能够得到属性之间的映射关系，而且能够表示属性映射关系的强弱，在主客体属性统一表示的过程中，可以对研究内容中的访问控制语义图特征表示方法进行改进，利用基于有权图的图神经网络，实现相关特征的提取。

（3）异常检测

在进行了主客体特征的统一提取后，可以采用深度单分类算法实现相应的异常检测，实现多个访问控制配置所涉及的主客体的统一异常识别，这个过程中，需要分析多个访问控制配置所涉及的主客体之间的特征，进一步优化目标函数。除了使用深度单分类算法，也可以在这个过程中使用基于深度自编码器的异常检测方法。首先可以依照主客体特征，将其分为多个小类，然后对每个小类使用自编码器提取特征，检测异常节点。

5.5　应用场景及预期效益

5.5.1　应用场景

网络安全策略配置智能管理平台主要应用于基础网络拓扑结构不频繁改变的固定

计算机网络,能够为网络安全管理人员提供统一的网络安全管理界面,实时监控各种设备上的安全配置,多维度发现安全策略潜在的冲突和异常,实时接收外部设备提供的报警信息,根据预置防护策略,自动生成针对性的安全防护策略,并将其下发到对应的安全设备上,从而实现对安全策略的异常检测,以及对网络威胁的自动处理。

5.5.2　预期效益

网络安全策略配置智能管理平台,可以实现网络安全模型构建、安全策略异常检测,以及网络威胁的自动处理,其预期效益主要表现在三个方面:

(1)为网络安全管理提供专用平台。本平台可以为网络安全管理人员提供针对本网络的个性化管理平台,使其在处理网络安全策略和外部威胁时,充分考虑本网络拓扑连接、服务部署等对网络安全的影响,从而选择最适合的处理方法对其进行处理。

(2)实现网络安全策略的统一监控和分析。本平台可以实现对分散在防火墙、路由器、交换机上的安全策略的统一监控和管理,它通过模拟客户端登录的方式,实现与多型号的网络设备的直接命令交互,实现了网络安全配置的实时监控和异常检测,从而提供统一的安全策略监控和分析手段。

(3)实现对网络威胁的自动化响应。本平台可以通过告警接口,与现有入侵检测系统、安全审计系统等进行联动,根据预先编排的安全服务策略,自动化生成网络安全策略并下发执行,从而实现了对当前网络威胁的快速响应,为网络安全事件的快速处理提供直接支撑。

5.6　小结

在本章中,主要设计了一种新型的网络安全策略配置智能管理平台,该平台能够依托基于虚实结合的网络基础环境,对网络安全策略进行集中化异常检测,进而对安全威胁进行智能化响应。本章对该平台的基本架构、技术路线和关键技术进行了详细讨论,能够为后期设计和研发提供基础原理支撑。

第6章 总结与展望

6.1 工作总结

网络脆弱性分析是网络安全风险评估的基础,准确分析网络中存在的脆弱性是全面评估网络安全风险,合理构建网络安全防御体系的前提。现有的网络脆弱性分析方法主要从网络结构、网络协议、网络软件、网络硬件等方面入手,挖掘网络在级联失效、协议设计、软硬件功能方面的漏洞,却未能深入分析网络运维管理相关的配置、动作和策略对网络安全的影响。本书围绕网络运维脆弱性分析理论和方法,提出了网络运维脆弱性和网络运维脆弱性分析的概念,研究了网络运维配置、动作和策略对网络安全的影响,提出并改进了网络运维配置脆弱性分析框架,初步构建了网络运维脆弱性分析理论。在此基础上,将多域信息联合分析的思想应用到渗透路径发现、角色挖掘、安全配置生成、恶意用户行为检测等四个重要安全应用之中。相关实验证明,相关的方法能够有效降低网络中存在的运维脆弱性。具体包括以下五个方面:

(1)研究了网络运维脆弱性分析基础理论

本书提出了网络运维脆弱性和网络运维脆弱性分析的概念,分为网络运维配置脆弱性、网络运维动作脆弱性和网络运维策略脆弱性三个层面,深入分析了网络运维活动各个环节对网络空间安全可能的负面影响,初步构建了网络运维脆弱性分析基础理论体系。

(2)研究了网络运维配置脆弱性快速分析方法

针对网络运维配置脆弱性,提出了以用户权限为核心的网络运维配置脆弱性度量指标,以及面向多域配置的网络运维配置脆弱性分析框架,并通过实验说明网络运维配置脆弱性的主要表现。针对在网络运维脆弱性分析过程中,使用权限依赖规则进行逻辑推理时算法复杂度较高、难以应用到大规模网络的问题,提出了权限依赖图的概念,并以此为基础,逐步深入地改进了网络运维配置脆弱性分析方法。

(3)研究了网络安全配置智能生成方法

针对人工生成网络安全配置过程中,对多域攻击防护不够,存在较强的运维脆弱性的问题,提出基于遗传算法、角色挖掘的网络安全配置智能生成方法,能够在定量地评估不同安全配置下的网络风险的基础上,以遗传算法、多视角社团发现等人工智能算法为核心,在可能的配置空间内自动搜索安全配置的最优解,实现网络安全设备访问控制策略的智能生成。

(4) 研究了网络安全策略智能化生成方法

针对当前网络空间安全防护体系建设,过度依赖增配不同类型的安全防护设备,网络安防设备之间的联动性不足的问题,在提出了网络攻防博弈模型的基础上,针对两个不同的场景,讨论了如何综合利用强化学习模型来实现网络安全策略的智能化生成。在第一个场景中,针对物理域安全防护设备和网络域安全防护设备联动的问题,提出了一个基于深度确定性策略梯度的恶意用户行为检测模型,使得管理员通过与网络环境进行交互得到相应的奖励信息并从中学习,从而实现恶意用户行为的深层次检测。在第二个场景中,针对面向未知威胁的分布式拒绝服务攻击防护问题,研究了如何将网络丢包策略与强化学习、线性规划等结合来应对大规模网络中可能存在的分布式拒绝服务攻击。

(5) 设计了网络安全策略配置智能管理平台

为了促进网络运维脆弱性分析技术从理论走向实践,设计了一种新型的网络安全策略配置智能管理平台。与现有网络安全设备相比,该平台能够在获取网络空间多域信息的基础上,合理导入网络基础信息,得到一种基于虚实结合的网络基础环境,进而对网络安全策略进行集中化异常检测,以及对安全威胁进行智能化响应。该平台能够提升现有网络运维管理部门的安全策略智能分析能力,为网络安全管理提供有效支撑。

6.2　工作展望

网络运维脆弱性分析是一个崭新的领域,目前尚未受到广泛关注,具有重要的学术意义和应用价值。本书所做的一些工作,仅仅是网络运维脆弱性分析领域的冰山一角,仍存在着大量的问题有待研究,总的来说,可以从以下三个方面进行后续的深入研究。

(1) 网络运维动作脆弱性度量和分析方法

在本书中,采取以用户权限为核心的方式,对网络运维配置脆弱性进行度量,进而提出网络运维配置脆弱性分析框架,但是尚未提出有效的网络运维动作脆弱性的度量和分析方法。相较于网络运维配置脆弱性关注网络静态状态,网络运维动作脆弱性不仅仅需要分析运维动作或动作序列的结果对网络安全性的影响,而且需要分析这个动作的过程对网络安全性的影响。前者可以以网络运维配置脆弱性分析为基础,比较运维动作前后的运维配置脆弱性大小;后者则需要对运维过程中的用户权限序列进行综合分析,发现可能的攻击路径。

(2) 网络运维策略脆弱性度量和分析方法

针对网络运维策略脆弱性,本书仅仅讨论了其中的两个简单场景,缺乏对网络运维策略脆弱性的普适度量指标和分析方法的研究。相对于网络运维配置脆弱性和网络运维动作脆弱性，网络运维策略脆弱性位于高层，对网络安全性的影响更大。从某个网络状态出发，使用某一网络运维策略可以得到不同的网络动作序列，生成不同的网络配置，而且这些动作序列和网络配置是时序上的一个无限序列，所以主要可以通过某种方式，截取或提取某些动作序列和网络配置，对网络运维策略脆弱性进行度量和分析。

（3）数据不完整条件下的网络运维脆弱性分析

在数据不完整条件下进行网络运维脆弱性分析，是后期网络运维脆弱性分析的重要方向。从本书中可以看出，现有网络运维脆弱性分析方法对最终数据的精确度要求比较高，但是在实际的数据采集过程中，必然会出现部分的缺失和错误。如何在这种条件下实现网络运维脆弱性的准确分析是后期要解决的一个重要问题。解决这个问题的一个可能的解决方案是引入不确定性推理，然后在推理的过程中，通过实际数据不断对推理规则进行学习和纠正，最后不仅能够得到网络运维脆弱性分析结果，同时也能得到该结果的置信度。

参考文献

［1］谢宗晓. 关于网络空间（cyberspace）及其相关词汇的再解析［J］. 中国标准导报，2016(2)：26-28.

［2］Sarbayev M，Yang M，Wang H Q. Risk assessment of process systems by mapping fault tree into artificial neural network［J］. Journal of Loss Prevention in the Process Industries，2019，60：203-212.

［3］Abdo H，Kaouk M，Flaus J M，et al. A safety/security risk analysis approach of Industrial Control Systems［J］. Computers & Security，2018，72：175-195.

［4］Kammüller F. Attack trees in Isabelle extended with probabilities for quantum cryptography［J］. Computers & Security，2019，87：101572.

［5］Phillips C，Swiler L P. A graph-based system for network-vulnerability analysis［C］// Proceedings of the 1998 Workshop on New Security Paradigms. September 22 - 26，1998，Charlottesville，Virginia：ACM，1998：71-79.

［6］Bopche G S，Mehtre B M. Extending attack graph-based metrics for enterprise network security management［C］//Nagar A，Mohapatra D，Chaki N. Proceedings of 3rd International Conference on Advanced Computing，Networking and Informatics. New Delhi：Springer，2016：315-325.

［7］Kabir S，Papadopoulos Y. Applications of Bayesian networks and Petri nets in safety，reliability，and risk assessments：A review［J］. Safety Science，2019，115：154-175.

［8］Guo C Q，Khan F，Imtiaz S. Copula-based Bayesian network model for process system risk assessment［J］. Process Safety and Environmental Protection，2019，123：317-326.

［9］Kaynar K. A taxonomy for attack graph generation and usage in network security［J］. Journal of Information Security and Applications，2016，29：27-56.

［10］Basile C，Canavese D，Pitscheider C，et al. Assessing network authorization policies via reachability analysis［J］. Computers & Electrical Engineering，2017，64：110-131.

［11］Ou X M，Boyer W F，McQueen M A. A scalable approach to attack graph generation［C］// Proceedings of the 13th ACM conference on Computer and Communications Security. 30 October 2006，Alexandria，Virginia：ACM，2006：336-345.

［12］Durkota K，Lisý V，Bošanský B，et al. Hardening networks against strategic attackers using attack graph games［J］. Computers & Security，2019，87：101578.

［13］Khouzani M，Liu Z L，Malacaria P. Scalable Min-max multi-objective cyber-security optimisation over probabilistic attack graphs[J]. European Journal of Operational Research, 2019, 278(3): 894-903.

[14] Lallie H S, Debattista K, Bal J. Evaluating practitioner cyber-security attack graph configuration preferences[J]. Computers and Security, 2018, 79: 117-131.

[15] Yiǧit B, Gür G, Alagöz F, et al. Cost-aware securing of IoT systems using attack graphs[J]. Ad Hoc Networks, 2019, 86: 23-35.

[16] Dacier M, Deswarte Y. Privilege graph: An extension to the typed access matrix model[M]// Gollmann D, ed. Computer Security — ESORICS 94. Berlin, Heidelberg: Springer Berlin Heidelberg, 1994: 319-334.

[17] Chinchani R, Iyer A, Ngo H Q, et al. Towards a theory of insider threat assessment[C]//2005 International Conference on Dependable Systems and Networks (DSN'05). Yokohama, Japan. IEEE, 2005: 108-117.

[18] Mathew S, Upadhyaya S, Ha D, et al. Insider abuse comprehension through capability acquisition graphs[C]//Proceedings of the 11th International Conference on Information Fusion, June 30-July 3, 2008.

[19] Meng W Z, Li W J, Wang Y, et al. Detecting insider attacks in medical cyber-physical networks based on behavioral profiling[J]. Future Generation Computer Systems, 2020, 108: 1258-1266.

[20] Probst C W, Hansen R R. An extensible analysable system model[J]. Information Security Tech Report, 2008, 13(4): 235-246.

[21] Kotenko I, Stepashkin M, Doynikova E. Security analysis of information systems taking into account social engineering attacks[C]//2011 19th International Euromicro Conference on Parallel, Distributed and Network-Based Processing. Ayia Napa, Cyprus: IEEE, 2011: 611-618.

[22] Scott D, Beresford A, Mycroft A. Spatial policies for sentient mobile applications [C]// Proceedings POLICY 2003. IEEE 4th International Workshop on Policies for Distributed Systems and Networks. Lake Como: IEEE, 2003: 147-157.

[23] Dimkov T. Alignment of organizational security policies: theory and practice [D]. Enschede: University of Twente, 2012.

[24] Kammüller F, Probst C W. Invalidating Policies using Structural Information[C]//2013 IEEE Security and Privacy Workshops. San Francisco: IEEE, 2013: 76-81.

[25] Falahati B, Fu Y. A study on interdependencies of cyber-power networks in smart grid applications[C]//2012 IEEE PES Innovative Smart Grid Technologies (ISGT). Washington, DC: IEEE, 2012: 1-8.

[26] Rinaldi S M, Peerenboom J P, Kelly T K. Identifying, understanding, and analyzing critical infrastructure interdependencies[J]. IEEE Control Systems Magazine, 2001, 21(6): 11-25.

[27] Liu J, Wang D G, Zhang C, et al. Reliability assessment of cyber physical distribution system [J]. Energy Procedia, 2017, 142: 2021-2026.

[28] Falahati B, Fu Y. Reliability assessment of smart grids considering indirect cyber-power interdependencies[J]. IEEE Transactions on Smart Grid, 2014, 5(4): 1677-1685.

［29］ Liu Y L，Deng L C，Gao N，et al. A reliability assessment method of cyber physical distribution system［J］. Energy Procedia，2019，158：2915-2921.

［30］ Bai W，Pan Z S，Guo S Z，et al. MDC-Checker：A novel network risk assessment framework for multiple domain configurations［J］. Computers and Security，2019，86：388-401.

［31］ Bai W，Cheng A X，Wang C L，et al. A fast user actual privilege reasoning framework based on privilege dependency graph reduction［J］. IET Information Security，2023，17(3)：505-517.

［32］ McNunn G S，Bryden K M. A proposed implementation of tarjan's algorithm for scheduling the solution sequence of systems of federated models［J］. Procedia Computer Science，2013，20：223-228.

［33］ Sandhu R S，Coyne E J，Feinstein H L，et al. Role-based access control models［J］. Computer，1996，29(2)：38-47.

［34］ Colantonio A，Di Pietro R，Ocello A，et al. A formal framework to elicit roles with business meaning in RBAC systems［C］//Proceedings of the 14th ACM Symposium on Access Control Models and Technologies. June 3-5，2009，Stresa：ACM，2009：85-94.

［35］ 房梁,殷丽华,郭云川,等.基于属性的访问控制关键技术研究综述［J］.计算机学报,2017,40(7)：1680-1698.

［36］ Hari A，Suri S，Parulkar G. Detecting and resolving packet filter conflicts［C］//Proceedings IEEE INFOCOM 2000. Conference on Computer Communications. Nineteenth Annual Joint Conference of the IEEE Computer and Communications Societies（Cat. No. 00CH37064）. Tel Aviv，Israel：IEEE，2002：1203-1212.

［37］ Hamed H，Al-Shaer E，Marrero W. Modeling and verification of IPSec and VPN security policies［C］//13th IEEE International Conference on Network Protocols（ICNP'05）. Boston，MA：IEEE，2005.

［38］ Khoumsi A，Erradi M，Krombi W. A formal basis for the design and analysis of firewall security policies［J］. Journal of King Saud University — Computer and Information Sciences，2018，30(1)：51-66.

［39］ Al-Shaer E S，Hamed H H. Modeling and management of firewall policies［J］. IEEE Transactions on Network and Service Management，2004，1(1)：2-10.

［40］ Saâdaoui A，Ben Youssef Ben Souayeh N，Bouhoula A. FARE：FDD-based firewall anomalies resolution tool［J］. Journal of Computational Science，2017，23：181-191.

［41］ 李鼎,周保群,赵彬.利用逻辑编程方法进行形式化的网络安全策略验证［J］.计算机应用与软件,2010,27(5)：78-82.

［42］ 包义保,殷丽华,方滨兴,等.基于良基语义的安全策略表达与验证方法［J］.软件学报,2012,23(4)：912-927.

［43］ Nazerian F，Motameni H，Nematzadeh H. Secure access control in multidomain environments and formal analysis of model specifications［J］. TURKISH JOURNAL OF ELECTRICAL ENGINEERING & COMPUTER SCIENCES，2018，26(5)：2525-2540.

［44］ Salameh W A. Detection of intrusion using neural networks：A customized study［J］. Studies in

Informatics and Control, 2004, 13(2): 135-143.

[45] Sreelaja N K, Vijayalakshmi Pai G A. Ant Colony Optimization based approach for efficient packet filtering in firewall[J]. Applied Soft Computing, 2010, 10(4): 1222-1236.

[46] Hachana S, Cuppens F, Cuppens-Boulahia N, et al. Policy mining: A bottom-up approach toward a model based firewall management[C]//Bagchi A, Ray I. International Conference on Information Systems Security. Berlin, Heidelberg: Springer, 2013: 133-147.

[47] Hachana S, Cuppens F, Cuppens-Boulahia N, et al. Semantic analysis of role mining results and shadowed roles detection[J]. Information Security Tech Report, 2013, 17(4): 131-147.

[48] Colantonio A, Di Pietro R, Ocello A, et al. Taming role mining complexity in RBAC[J]. Computers & Security, 2010, 29(5): 548-564.

[49] Colantonio A, Di Pietro R, Verde N V. A business-driven decomposition methodology for role mining[J]. Computers & Security, 2012, 31(7): 844-855.

[50] Baumgrass A, Strembeck M, Rinderle-Ma S. Deriving role engineering artifacts from business processes and scenario models[C]//Proceedings of the 16th ACM Symposium on Access Control Models and Technologies. June 15-17, 2011, Innsbruck: ACM, 2011: 11-20.

[51] Kuhlmann M, Shohat D, Schimpf G. Role mining — revealing business roles for security administration using data mining technology[C]//Proceedings of the 8th ACM Symposium on Access Control Models and Technologies. June 2-3, 2003, Como: ACM, 2003: 179-186.

[52] Jiang J G, Yuan X B, Mao R. Research on role mining algorithms in RBAC[C]//Proceedings of the 2018 2nd High Performance Computing and Cluster Technologies Conference. Beijing: ACM, 2018: 1-5.

[53] Vaidya J, Atluri V, Warner J. RoleMiner: Mining roles using subset enumeration[C]//Proceedings of the 13th ACM Conference on Computer and Communications Security. 30 October 2006, Alexandria, Virginia: ACM, 2006: 144-153.

[54] Molloy I, Li N H, Li T C, et al. Evaluating role mining algorithms[C]//Proceedings of the 14th ACM Symposium on Access Control Models and Technologies. June 3-5, 2009, Stresa: ACM, 2009: 95-104.

[55] Zhang D N, Ramamohanarao K, Ebringer T. Role engineering using graph optimisation[C]//Proceedings of the 12th ACM Symposium on Access Control Models and Technologies. June 20-22, 2007, Sophia Antipolis: ACM, 2007: 139-144.

[56] Ene A, Horne W, Milosavljevic N, et al. Fast exact and heuristic methods for role minimization problems[C]//Proceedings of the 13th ACM Symposium on Access Control Models and Technologies. June 11-13, 2008, Estes Park, CO, USA. ACM, 2008: 1-10.

[57] Frank M, Streich A P, Basin D, et al. A probabilistic approach to hybrid role mining[C]//Proceedings of the 16th ACM Conference on Computer and Communications Security. November 9-13, 2009, Chicago, Illinois: ACM, 2009: 101-111.

[58] Molloy I, Chen H, Li T C, et al. Mining roles with semantic meanings[C]//Proceedings of the 13th ACM Symposium on Access Control Models and Technologies. June 11-13, 2008, Estes

Park, CO, USA: ACM, 2008: 21-30.

[59] Molloy I, Li N H, Qi Y, et al. Mining roles with noisy data[C]//Proceedings of the 15th ACM Symposium on Access Control Models and Technologies. June 9 - 11, 2010, Pittsburgh, Pennsylvania: ACM, 2010: 45-54.

[60] Du X N, Chang X L. Performance of AI algorithms for mining meaningful roles[C]//2014 IEEE Congress on Evolutionary Computation (CEC). Beijing: IEEE, 2014: 2070-2076.

[61] Dong L J, Wang Y, Liu R, et al. Toward edge minability for role mining in bipartite networks [J]. Physica A: Statistical Mechanics and Its Applications, 2016, 462: 274-286.

[62] Wu L Y, Dong L J, Wang Y, et al. Uniform-scale assessment of role minimization in bipartite networks and its application to access control[J]. Physica A: Statistical Mechanics and Its Applications, 2018, 507: 381-397.

[63] Guo Q, Vaidya J, Atluri V. The role hierarchy mining problem: Discovery of optimal role hierarchies[C]//2008 Annual Computer Security Applications Conference (ACSAC). Anaheim, CA: IEEE, 2008: 237-246.

[64] Colantonio A, Di Pietro R, Ocello A. A cost-driven approach to role engineering [C]// Proceedings of the 2008 ACM Symposium on Applied Computing. March 16 - 20, 2008, Fortaleza, Ceara, Brazil. ACM, 2008: 2129-2136.

[65] Li R X, Li H Q, Wang W, et al. RMiner: a tool set for role mining[C]//Proceedings of the 18th ACM Symposium on Access Control Models and Technologies. Amsterdam The Netherlands: ACM, 2013: 193-196.

[66] He X N, Kan M Y, Xie P C, et al. Comment-based multi-view clustering of web 2.0 items[C]// Proceedings of the 23rd International Conference on World Wide Web. April 7-11, 2014, Seoul, Korea: ACM, 2014: 771-782.

[67] Lee D D, Seung H S. Learning the parts of objects by non-negative matrix factorization[J]. Nature, 1999, 401: 788-791.

[68] von Luxburg U. A tutorial on spectral clustering[J]. Statistics and Computing, 2007, 17(4): 395-416.

[69] Kuang D, Yun S, Park H. SymNMF: Nonnegative low-rank approximation of a similarity matrix for graph clustering[J]. Journal of Global Optimization, 2015, 62(3): 545-574.

[70] Kumar A, Rai P, Daumé H. Co-regularized multi-view spectral clustering[C]//Proceedings of the 24th International Conference on Neural Information Processing Systems. December 12-15, 2011, Granada, Spain: ACM, 2011: 1413-1421.

[71] Xia R K, Pan Y, Du L, et al. Robust multi-view spectral clustering via low-rank and sparse decomposition[J]. Proceedings of the AAAI Conference on Artificial Intelligence, 2014, 28(1): 2149-2155.

[72] Schlegelmilch J, Steffens U. Role mining with ORCA[C]//Proceedings of the tenth ACM Symposium on Access Control Models and Technologies. June 1-3, 2005, Stockholm, Sweden: ACM, 2005: 168-176.

［73］Richard S S，Andrew G B. 强化学习［M］. 俞凯，等译. 2 版. 北京：电子工业出版社，2019.

［74］Mnih V，Kavukcuoglu K，Silver D，et al. Human-level control through deep reinforcement learning［J］. Nature，2015，518：529-533.

［75］周仕承，刘京菊，钟晓峰，等. 基于深度强化学习的智能化渗透测试路径发现［J］. 计算机科学，2021，48(7)：40-46.

［76］Pandey S，Kumar N，Handa A，et al. Evading malware classifiers using RL agent with action-mask［J］. International Journal of Information Security，2023，22(6)：1743-1763.

［77］石颖，孙莹. 分布式拒绝服务攻击防御技术综述［J］. 计算机安全，2014(7)：18-22.

［78］李恒，沈华伟，程学旗，等. 网络高流量分布式拒绝服务攻击防御机制研究综述［J］. 信息网络安全，2017(5)：37-43.

［79］Malialis K，Kudenko D. Distributed response to network intrusions using multiagent reinforcement learning［J］. Engineering Applications of Artificial Intelligence，2015，41：270-284.

［80］Adarshpal S S，Vasil Y H. 计算机网络仿真 OPNET 实用指南［M］. 王玲芳，母景琴，等译，北京：机械工业出版社，2014

［81］Le H，Jiang N，Agarwal A，et al. Hierarchical Imitation and Reinforcement Learning［Z］// Proceedings of the 35th International Conference on Machine Learning. July，2018：2917-2926.